amazon.com

Geld verdienen ist das wenigste

Geld verdienen ist das wenigste

Verlag:
Johannes Grassl
Bahnhofstrasse 9, 93476 Blaibach,
Deutschland
jg@johannesgrassl.com
www.johannesgrassl.com

ISBN Paperback 9798866748945
ISBN Hardcover 9798322668770

Umschlaggestaltung: Albin Kirchhofer
Layout und Satz: historisverlag.ch
Lektorat: Gabriele Pässler
Autorenfotos: Anna Luisa Scholdei, annascholdei.de
International Print on Demand: Amazon.com

«Glücklich der Mensch,
der Weisheit gefunden hat.
Denn was man
durch sie gewinnt,
ist besser als Silber,
sie ist mehr wert als Gold.»

König Salomo

Johannes Grassl

Geld verdienen ist das wenigste

Inhalt

Das Ganze ist mehr als die Summe seiner Teile

Es war ein wunderschöner Ferientag am Meer. Das warme Wasser der Wellen streichelte unsere Füße, während die Sonne am Horizont allmählich unterging. Meine Kinder und ich waren schon die ganze Zeit damit beschäftigt, am Strand Sandburgen zu bauen. Es kostete uns einige Mühe, die Türme und Mauern aufzurichten; doch leider hielten unsere kleinen Kunstwerke immer nur für einen Augenblick: Kaum hatten wir unsere Burg fertig, kam die nächste größere Welle und spülte sie wieder weg ...

Dieses Bild von den Sandburgen ist mir hängengeblieben und ich habe seitdem viel darüber nachgedacht. In unserem Leben ist es oft ähnlich: Mit viel Mühe bauen wir an unseren «Sandburgen» – am beruflichen Aufstieg, an der Firma, an unserer Reputation, am materiellen Wohlstand. Das ist alles schön und gut; aber es wird schneller weggespült, als man denkt. Deshalb stellen sich wichtige Fragen: Wie gestalte ich mein Leben so, dass ich es am Ende einmal als Erfolg verbuchen kann? Welche Dinge sind es wirklich wert, dass ich meine Zeit und Energie dafür hergebe? Wie stelle ich sicher, dass ich in der Hektik des Alltags nicht aus den Augen verliere, was mir wichtig ist? Ist das, wofür ich heute lebe, auch dann noch stabil, wenn die nächste Welle kommt – vielleicht eine Entlassung, ein Aktiencrash oder eine Erkrankung?

Mein großer Wunsch ist, dass Sie ein Leben führen, das erfolgreich ist, ganzheitlich und nachhaltig erfolgreich, ein Leben, stabil genug, um den Stürmen und Wellen standzuhalten – und die kommen bestimmt!

Stichwort Erfolg:

In den vergangenen fast zwanzig Jahren meiner beruflichen Selbständigkeit habe ich viele Menschen kennen gelernt – Menschen, die sehr wenig haben, und andere, die viel mehr haben, als sie ausgeben können. Ich war in einfachen Hütten im Busch von Namibia genauso wie in den Teppichetagen großer Unternehmen. Ich habe Leute getroffen, die äußerlich arm sind, aber innerlich reich und glücklich – und Leute, die äußerlich alles haben, aber innerlich ausgebrannt sind und leer. Aus all diesen Begegnungen und Erfahrungen habe ich eines gelernt: Geld verdienen ist das wenigste! Lebenserfolg ist mehr als nur materieller oder beruflicher Erfolg. Wirklich erfolgreich sind wir erst dann, wenn uns beides gelingt: Karriere *und* Privatleben, Job *und* Beziehungen, Geld *und* Glück.

Darum geht es in diesem Buch. Im ersten Teil («Ist das Leben schön?») nehme ich das große Ganze unseres Lebens in den Blick. Denn immer dann, wenn das Ganze verloren geht, beginnt das Leiden. Im zweiten Teil («Alle Krisen sind Führungskrisen») skizziere ich schwere Führungsfehler und zeige Wege, wie Sie diese umgehen können. Der dritte Teil («Lebenskompetenz – Ein gutes Leben führen») zeigt konkrete Schritte der Umsetzung, wie Sie Ihr berufliches und privates Leben nachhaltig erfolgreich gestalten. Dem folgt ein Interview mit einem Fallbeispiel aus meiner Coaching-Praxis, das viele der vorher skizzierten Gedanken und Modelle praktisch zusammenfasst. Das Buch schließt mit den «Thesen für Leader» – zwölf kompakten Impulsen zur persönlichen Reflexion, die Ihnen helfen, auf Kurs zu bleiben.

Sie haben einen Führungsauftrag in einer einzigartigen Unternehmung: Ihrem Leben. Dieses Buch soll Sie dafür stärken.

Wie gelingt das Leben?

Samstagmorgen in einem schicken Seminarhotel: Gleich geht es los! Ich bin hier, um mit jungen Führungskräften einen Workshop zu halten. Thema des Wochenendes: Wie gestalte ich eine erfolgreiche Karriere? Das Spannende daran: Es geht nie nur um Karriere, sondern immer um das ganze Leben. Wir werden nachdenken über wichtige Fragen: Wie führe ich mein Leben so, dass ich es einmal als Erfolg verbuchen kann? Was ist mir wirklich wichtig? Wie bewahre ich auf dem herausfordernden Weg der Karriere meine Integrität? Welche Führungsfehler lauern – nicht nur im Job, sondern auch im Privatleben?

Eine Runde junger Männer und Frauen schaut mich erwartungsvoll an. Sie alle haben eines gemeinsam: Gut ausgebildet und ambitioniert, wollen sie in ihrem Leben etwas bewegen. Für diese Zielgruppe brennt mein Herz!

Seit fast zwei Jahrzehnten bin ich als Speaker, Berater und Coach mit Führungskräften unterwegs an der Schnittstelle zwischen Führungskompetenz und Lebenskompetenz. Soll heißen: Viele Führungsmodelle und Prinzipien im Business gelten genauso für das Privatleben, also für den ganzen Menschen; doch längst nicht alle, die im Beruf eine beeindruckende Position bekleiden, sind auch in den anderen Lebensbereichen gute Führungskräfte. Ich will meinen Zuhörern helfen, beides zusammenzuführen und in einen größeren Sinn-Kontext einzubetten.

Es begann vor vielen Jahren mit einer großen Frage: Wofür will ich leben? Daraus wuchs der Traum, mich in Führungskräfte zu investieren; dieser Traum führte mich über Afrika und die Schweiz in das, wofür ich heute brenne: Leader stärken für ganzen Erfolg. Es klingt paradox; aber je älter ich werde, umso wichtiger werden mir die Jungen. Warum? Weil sie noch viel Zeit vor sich haben – und entsprechend hohe Auswirkung haben ihre Entscheidungen auf die Art und Weise, wie sie leben und arbeiten. Mein großer Wunsch ist, dass sie nicht nur in Teilen Erfolg haben, sondern dass ihnen das *ganze* Leben gelingt.

Leider geschieht das nicht automatisch. Im Gegenteil: Oft besteht eine Diskrepanz zwischen dem Start in die Karriere und dem Berufs- und Privatleben einige Jahre oder Jahrzehnte später.

Hoch starten, tief landen

Üblicherweise steigt man in den Job ein und klettert dann die Karriereleiter nach oben; Position, Gehalt und Verantwortungsbereich sind am Ende meist höher und größer als am Anfang. Was die tatsächlich wichtigen Faktoren angeht, ist es aber genau umgekehrt: Viele starten hoch und landen tief. «Hoch starten» heißt, man geht voller Elan und mit besten Absichten in die Karriere – um einige Jahre oder Jahrzehnte später ernüchtert auf dem Boden der Tatsachen zu landen: Der Job frustriert, die Ehe kriselt, die eigenen Bedürfnisse kommen zu kurz. Das Leben, als Farbfilm gedacht, wird grau und eintönig.

Das ist keine Überraschung: Der permanente Leistungsdruck, alle möglichen Erwartungen, ständige Anpassungsleistung, die Grenzen des Systems und andere Faktoren fordern ihren Preis; und nach und nach wandern viele in einen Modus des desillusionierten Funktionierens – weit weg von dem, was sie sich ursprünglich vorgestellt hatten von ihrer Karriere und vom Leben insgesamt.

«Tief gelandet» wird nicht nur in der Karriere, sondern auch in den Beziehungen. Beispiel Partnerschaft: Verliebt und voller Enthusiasmus startet man ins gemeinsame Leben – und was ist fünf, zehn, fünfundzwanzig Jahre später daraus geworden? Oder die eigene Persönlichkeit: Auf dem langen Weg der Karriere wird der Charakter nicht selten verformt, die Persönlichkeit verändert sich, Wertvorstellungen und Lebenspraxis driften auseinander; und statt die Wirklichkeit dem Ideal anzugleichen, passt man das Ideal der Wirklichkeit an. Mit anderen Worten: Statt das Leben so zu entwickeln, dass es zunehmend der eigenen Persönlichkeit, den persönlichen Vorstellungen und Zukunftsvisionen entspricht, kapituliert man vor den Umständen und gibt seine Träume auf. Das Hamsterrad fordert seinen Preis.

Apropos: Was ist mit den eigenen Bedürfnissen? Wann hat man mal wieder Zeit für sich? Gibt es noch echte Freunde? Der äußere Erfolg mag zunehmen – aber wie sieht es aus mit der inneren Erfüllung? Wer kann wirklich von sich sagen, dass sein Leben ihn begeistert und er sich fühlt wie ein Fisch im Wasser?

Es geht ums Ganze

Ich schreibe dieses Buch mit einem großen Ziel: Sie sollen höher landen, also weiter oben, als Sie gestartet sind! Sie sollen nicht irgendwann sagen müssen: Im Job habe ich Erfolg, aber mir fehlt der Sinn; mein Konto ist voll, aber innerlich bin ich leer; ich habe zwar eine hohe Position, aber meine Familie ist kaputt; auf der Bühne bin ich der Star, hinter den Kulissen aber sterbe ich den Heldentod ...

Dieses Buch soll Ihnen helfen, ein ganzheitliches Leben zu führen –ein Leben, in dem Sie alle wichtigen Aspekte im Blick behalten. Wir werden Erfolg neu definieren, das große Ganze anschauen, das eigene Lebenskonzept auf den Prüfstand stellen und vom Ende her denken.

Dieses Buch soll Sie ermutigen, in *allen* Bereichen Ihres Lebens Ihre Führungsverantwortung wahrzunehmen und proaktiv Akzente zu setzen. Dann kommt das Heft des Handelns dorthin, wo es hingehört: in Ihre Hand. Sie sind nicht nur Passagier, Sie sitzen im Cockpit. Es geht nicht um irgendetwas. Es geht ums Ganze.

I. Ist das Leben schön?

«Karriere ist etwas Herrliches,
aber man kann sich in einer kalten Nacht
nicht an ihr wärmen.»

Marilyn Monroe

Tränen und Gummibärchen

Sommer 2013. Auf der Terrasse des Hotels Guarda Val sitzt ein Mann, er gehört zu den Erfolgreichsten seiner Zunft: Carsten Schloter, 49 Jahre alt, Chef des Telekommunikationskonzerns Swisscom und auf dem Höhepunkt seiner Karriere. Das Hotel, in dem Schloter eingecheckt hat, ist ein Kleinod inmitten einer faszinierenden Bergwelt, etwas oberhalb von Lenzerheide im Herzen Graubündens. Die Stuben und Zimmer befinden sich in jahrhundertealten Almhütten mit erstklassigem Komfort. Die Küche ist auf Sterne-Niveau, Kenner loben sie in den höchsten Tönen.

Von der Sonnenterrasse hat man einen unvergleichlichen Panoramablick auf die umliegenden Gipfel und hinunter ins Tal. Die Gegend ist ein Paradies; unzählige Wanderwege, Skipisten und Routen für Mountainbiker laden zum Relaxen und Erholen ein. Schloter, laut Medien «ein Manager wie aus dem Bilderbuch» und einer der dynamischsten Wirtschaftsführer in der Schweiz, wirkt in diesen Tagen allerdings alles andere als erholt. In sich gekehrt, nachdenklich, fast deprimiert erscheint er den Beobachtern, die ihn Abend für Abend auf der Terrasse sitzen sehen – mit einer Flasche Wein als einziger Begleitung ...*[1]

Zwei Wochen später: Der Swisscom-Chef ist tot

Trauriger könnte dieser Tag nicht sein, vor allem für seine drei Kinder: In der Kathedrale St. Nikolaus im schweizerischen Freiburg ist alles vorbereitet für die Trauerfeier für Carsten Schloter, den deutsch-französischen Topmanager und CEO der Swisscom; er hat sich das Leben genommen.

Draußen begrüßt sich die Elite aus Wirtschaft und Politik; drinnen fließen bald die Tränen, besonders, als Carsten Schloters Combox ertönt: «Ich bin im Moment nicht erreichbar», sagt die Stimme des erfolgreichen Swisscom-Chefs. Dann wird sein Lieblingslied gespielt, Bruce Springsteen singt «I'm Working On A Dream» – «Ich verwirkliche einen Traum».

Da steht der Sarg. Blumen auf dem Deckel, darunter ein Päckchen mit Gummibärchen – ein letzter Gruß an den Familienvater. Schloters Frau, von der er die letzten Jahre getrennt lebte, sitzt mit den drei Kindern in der vierten Reihe. Sie kämpft mit den Tränen: «Deine Kinder lieben und vermissen Dich.» Ergreifend erzählt sie vom jüngsten Sohn: «Wie soll ich den Stern finden, auf dem mein Papi jetzt sitzt?», habe er sie gefragt. Ihre Antwort: «Wenn wir zusammen in den Himmel schauen, ist es jener Stern, der am hellsten leuchtet.» Dann spielt der Sohn am Klavier Beethovens «Für Elise». Viele weinen …*2

«Man ist als Manager nicht unfehlbar …»

Das Schweizer Wirtschaftsmagazin BILANZ schrieb über Schloters Suizid: «Sein Selbstmord ist der wohl erschütterndste Todesfall der jüngeren Schweizer Wirtschaftsgeschichte. Der 49-Jährige war in der Blüte seiner Schaffenskraft, er war erfolgreich, […] er war in Wirtschaft und Politik hoch angesehen, wurde auch von Gegnern ob seiner Visionen und seiner scharfen Rhetorik respektiert. Gutaussehend und sportlich, verkörperte er Virilität, war einflussreich und wohlhabend, blieb dabei aber immer bescheiden. Die Karriere des Carsten Schloter schien ungebremst.» *3

In Interviews kurz vor seinem Tod wird neben allem Erfolg etwas deutlich von den Leiden des Carsten Schloter – mitunter sprach er offen über den Druck, der auf ihm lastete: «Man ist als Manager nicht unfehlbar, man ist nicht weniger von Gefühlen getrieben als jeder andere Mensch.» In einer großen Schweizer Sonntagszeitung gab Schloter zu Protokoll: «Das Gefährlichste ist, wenn man in einen

Modus der permanenten Aktivität verfällt. Wenn man auf seinem Smartphone dauernd nachschaut, ob neue Mails reingekommen sind. Das führt dazu, dass man zu keiner Ruhe mehr findet. [...] Ich stelle bei mir fest, dass ich immer größere Schwierigkeiten habe, zur Ruhe zu kommen, das Tempo herunterzunehmen. [...] Es kommt irgendwann ein Punkt, wo Sie das Gefühl bekommen, nur noch von einer Verpflichtung zur nächsten zu rennen. Das schnürt Ihnen die Kehle zu.» [*4]

Im Gespräch mit dem Journalisten Roger Schawinski stellt dieser ihm die Frage: «Herr Schloter, was war eigentlich die größte Niederlage Ihres Lebens?» Antwort Schloter: «Ich habe drei kleine Kinder und lebe getrennt, sehe die Kinder alle zwei Wochen. Das vermittelt mir immer wieder Schuldgefühle. Ich habe das Gefühl, hier habe ich etwas gemacht, was nicht richtig ist.»[*5] Der Medienwoche sagt er zur Trennung von seiner Frau: «Es war einfach etwas sehr Einschneidendes in meinem Leben passiert [...] ein reales Scheitern und in diesem Sinn eine einmalige Erfahrung. Ich habe mir überlegt, wie ich damit umgehe, und habe entschieden, offen darüber zu reden. Sonst versucht man, den Starken zu spielen – und glaubhaft ist das eh nicht.»[*6]

Worum geht es wirklich?

Carsten Schloter ist tragisch abgestürzt. Sicher gibt es für seine Verzweiflungstat sehr persönliche und individuelle Gründe – wir kennen sie nicht und wir dürfen sie nicht bewerten –, doch steht Schloter sinnbildlich für viele. Er ist ein trauriges Fallbeispiel für eine weit verbreitete Diskrepanz: der Lücke zwischen äußerem Erfolg und innerer Erfüllung, zwischen Geld und Glück, zwischen beruflicher Position und Lebensqualität. Schloter bildet dabei die sprichwörtliche «Spitze des Eisbergs» – nicht jeder geht bis zum Äußersten wie er, doch unter der Oberfläche leiden viele.

Schloters Geschichte kann uns helfen, über wichtige Fragen nachzudenken: Was heißt eigentlich Erfolg? Besteht der vor allem in Geld und Karriere? Sind Materielles und Besitz das Höchste, warum sind dann so viele erfolgreiche Menschen unglücklich? Wenn Karriere das oberste Lebensziel ist, warum begehen dann Manager auf dem Höhepunkt ihrer Karriere Selbstmord?

War Carsten Schloter erfolgreich? Von außen betrachtet ja – aber innerlich? Was würde er selbst auf diese Fragen antworten, was würde seine Frau sagen und was seine Kinder? Und wenn Karriereerfolg allein nicht reicht, was brauchen wir dann?

Wenn das Ganze verloren geht, beginnt das Leiden

Wie sieht die Gesamtkostenrechnung unseres Lebens aus – wenn wir Job und Beziehungen, Berufs- und Privatleben, Geld und Glück zusammenzählen?

Zurück zum Workshop mit den jungen Führungskräften. Ich frage in die Runde: «Wer will erfolgreich sein?», und ernte eine einstimmige Antwort: Alle. Ich habe nichts anderes erwartet; genau das gefällt mir an den Teilnehmern: Sie sind ergebnisorientiert, sie wissen, was sie wollen, und packen die Dinge an.

Bei der nächsten Frage allerdings wird die Sache spannend: «Was heißt für Sie Erfolg?» Zuerst Schweigen. Dann kommen in der Regel Antworten, die sich auf das Business beziehen: Ziele erreichen, Projekte realisieren, Marktanteile ausbauen, den Gewinn steigern. Und im Privatleben? Die meisten sagen: Karriere machen, eine hohe Position erreichen, gutes Geld verdienen.

Das ist alles wunderbar. Nur: In all diesen Kategorien war Carsten Schloter erfolgreich gewesen. Aber hatte er wirklich Lebenserfolg?

Erfolg hat drei Ebenen

Der Mensch braucht *ganzen* Erfolg. Was meine ich damit? Viele sind teilerfolgreich, das heißt, sie sind erfolgreich in einem Teilbereich ihres Lebens. Bei den Leistungsorientierten ist das meist der berufliche Teil, also die Karriere; doch viele zahlen dafür in anderen Lebensbereichen einen hohen Preis.

Im Laufe der letzten zwanzig Jahre bin ich vielen Führungskräften, Managern und Unternehmern begegnet. Nur wenige führen ein ganzheitliches Leben! Manche sind top in ihrem Beruf, aber körperlich ein Wrack. Andere haben enormes Wissen, aber die emotionale Seite ihrer Persönlichkeit ist ausgeblendet. Wieder andere leben mit hoher Hingabe für ihren Job, merken dabei aber nicht, wie sie Partner und Kinder immer weiter zurücklassen und am Ende verlieren. Viele Führungskräfte haben in der Firma eine Menge Leute um sich herum, aber privat keine echten Freunde mehr.

Oft sieht das Leben von außen betrachtet wunderbar aus, aber innerlich fehlt es an Freude und Erfüllung. Kurzum: Viele leben halb und das ist zu wenig. Wie aber sieht ganzer Erfolg aus? Ich erkenne drei Ebenen, die unser Leben ausmachen und die wir im Blick behalten sollten: Beruf, Beziehungen und Persönlichkeit.

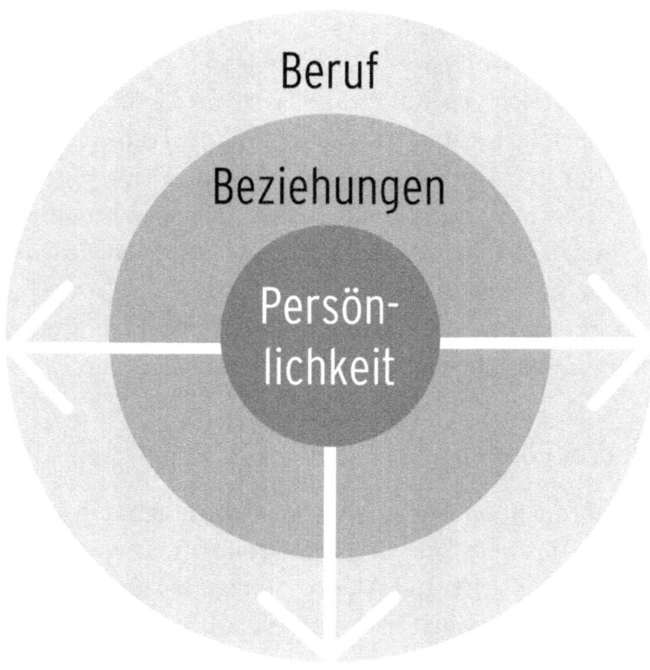

Der äußere Kreis: Beruf

Dazu gehören eine erfolgreiche Karriere, ein guter Job und «Geld satt». Am besten spielt sich unser Berufsleben ab in unserem *sweet spot*, dem Optimalbereich, der Schnittmenge von Stärken und Vorlieben: Was kann ich gut? Was tue ich gern? Und wie kann ich aus beidem für andere einen Mehrwert schaffen?

Erfolg in Job und Karriere ist gut. Das Problem: Oft werden auf dem Altar des beruflichen Erfolgs Menschenopfer dargebracht. Wir opfern andere – und uns selbst. Das führt zum zweiten Kreis.

Der mittlere Kreis: Beziehungen

Damit meine ich vor allem die wichtigsten Menschen in unserem Leben: Partner, Kinder, Freunde. Haben wir in diesem Kreis wohlwollende und gesunde Beziehungen, die trotz der Höhen und Tiefen des richtigen Lebens geprägt sind von Vergebung, Zuneigung und gegenseitiger Unterstützung? Oder opfern wir die wichtigsten Beziehungen auf dem Karriere-Altar? Die Ehe ist kaputt, der Kontakt zu den Kindern schwach oder sogar abgebrochen, man hat kaum mehr echte Freunde ...

Wie sieht, bei Lichte betrachtet, die Qualität Ihrer Beziehungen aus? Investieren Sie sich in die Menschen, die Ihnen am nächsten stehen, im gleichen Maß, in dem Sie sich in den Beruf investieren? Übrigens habe ich noch nie jemanden sagen hören: «Wenn ich zurückschaue, bereue ich, dass ich mir zu viel Zeit genommen habe für meinen Ehepartner und meine Kinder.» Das Gegenteil davon allerdings höre ich ziemlich oft.

Der innere Kreis: Die eigene Persönlichkeit

In diesem Kreis schlägt unser Herz! Hier suchen wir überzeugende Antworten auf die großen Fragen des Lebens: Wer bin ich? Was ist mir wirklich wichtig? Wofür will ich leben? Auf welche Werte baue ich? Passt mein tatsächliches Leben mit meinen Zielen und Visionen zusammen? Was ist aus meinen Träumen geworden? Bin ich überzeugt, dass mein Leben einen Sinn hat? Wozu bin ich überhaupt auf dieser Welt – was ist mein Lebenszweck, meine Bestimmung?

Vielleicht gelingt es uns, im Beruf erfolgreich zu sein und auch unsere Beziehungen einigermaßen zu managen; im geschützten Rahmen bekennen aber viele: «Wenn ich ehrlich bin, fehlt mir die innere Erfüllung», oder: «Ich habe zwar viel erreicht, aber im Grunde genommen habe ich immer nur getan, was andere von mir wollten.»

Wohlhabend, erfolgreich – und unglücklich

Dazu passt ein Artikel von Managementberater Reinhard Sprenger in der Wirtschaftswoche; unter der Überschrift «Wohlhabend, erfolgreich – und unglücklich!» beschreibt Sprenger den Zustand vieler arrivierter Führungskräfte.*7 Exemplarisch greift Sprenger den Werdegang einer Gruppe auf, die er selbst als Trainer geleitet hatte:

> *Dreißig Jahre später sahen wir uns wieder, die 12 Teilnehmer einer mehrstufigen Managementausbildung – und ich, der Trainer. Aus allen war «etwas geworden», wie man so sagt, alle hatten als Manager Karriere gemacht […]. Alle waren erfolgreich, verdienten ausnahmslos viel, im Einzelfall sehr viel Geld – aber keiner war richtig glücklich. […] Seine Enttäuschung fasste stellvertretend ein Teilnehmer so zusammen: «Ich habe das Gefühl, ich verplempere mein Leben. Wenn ich sterbe, interessiert es jemanden, dass ich das Betriebsergebnis um zig Punkte verbessert habe? Es sind doch nur Zahlen auf einem Monitor. Klar, ich bekomme eine Menge Geld und Status, wir können uns alles leisten. Aber wenn du deinen Job nicht magst, spielt es irgendwann keine Rolle, wie hoch dein Gehalt ist. […]»*

Wie sieht die Heckwelle aus?

Passend zu den drei Kreisen zeichnet der Psychologe Dr. Henry Cloud ein anderes Bild – er spricht von einer «Heckwelle», die jeder Mensch durch sein Leben und Wirken erzeugt.[*8] Ähnlich wie ein Motorboot verursacht jeder Mensch eine Heckwelle, und wie die Heckwelle im Wasser hat auch diese Welle zwei Seiten: Performance (Leistung) und Beziehungen. Die Performance-Seite steht für die erzielten Ergebnisse, den messbaren Erfolg, für all das, was man im Leben erreicht; die Beziehungs-Seite steht für die Qualität der Beziehungen und die Spuren, die man im Leben anderer Menschen hinterlässt. Beide Seiten der Heckwelle sind wichtig! Manche liefern eine Top-Performance, hinterlassen auf der Beziehungs-Seite aber eine Spur der Verwüstung; andere sind stark in Beziehungen, bringen aber keine Ergebnisse zustande.

Die Frage ist deshalb immer eine zweifache: Wie sieht unsere Heckwelle auf der Performance-Seite aus – ist es eine Welle von erreichten Zielen, von Projekten, die wir abgeschlossen haben, eine Welle von Wachstum und guter Entwicklung? Und wie sieht sie auf der Beziehungs-Seite aus – können die Menschen um uns herum «mit einem Lächeln im Gesicht Wasserski fahren», oder sind sie am Ertrinken und schnappen verzweifelt nach Luft? Für die Gesamtkostenrechnung sind beide Seiten der Welle von Bedeutung.

Im Kreise-Modell wäre der äußere Kreis die Performance-Seite, der mittlere die Beziehungs-Seite und der innere Kreis wäre das Motorboot. Wer entscheidet, ob die Talente zum Erfolg führen, all das Wissen, die Intelligenz, der Einsatz, die Energie? Die Persönlichkeit – sie bestimmt, welche Richtung das Boot nimmt und welche Spuren ein Mensch hinterlässt.

Fazit: Mehr als Geld

Beruflicher Erfolg (äußerer Kreis) ist nicht gleich Lebenserfolg (äußerer, mittlerer und innerer Kreis). Nur teilerfolgreich sein, das ist zu wenig. Wirklich erfolgreich sind Sie erst dann, wenn Ihnen das *ganze*

Leben gelingt; sonst ist das Leben ein Leiden, wenn auch oft verborgen hinter äußerem Erfolg und dekoriert mit allerhand Statussymbolen. Aber Sie sind für *mehr* gemacht. Ihr Lebensziel sollte «ganzer Erfolg» sein.

Der Wahrheit ins Auge schauen

Sei die Heldin deines Lebens, nicht das Opfer.
Nora Ephron

Frühmorgens reißt mich der Alarm aus dem Schlaf. Ich springe in die Klamotten, das Display zeigt die Meldung «Verkehrsunfall mit eingeklemmter Person». Von null auf hundert im Bruchteil einer Sekunde, ohne Vorankündigung: Das ist Einsatz-Realität. Im Auto spiele ich verschiedene Szenarios durch: die Lage vor Ort, Aufgabenverteilung im Team, mögliche erste Schritte ...

Führen in der Feuerwehr ist anspruchsvoll. Unter hohem Gefahrendruck müssen in kürzester Zeit schwierige Situationen gut gelöst werden. Management und Leitungsverantwortung begeistern mich; und ich bin Feuerwehrmann aus Leidenschaft. Die Parallelen zwischen Business, Privatleben und Einsatzdienst sind erstaunlich; von Einsatzleitern kann man eine Menge lernen.

Erst die Analyse, dann der Lösungsweg

Am Einsatzort ist die erste Aufgabe, sich einen Überblick zu verschaffen. Meist ist die Situation chaotisch, andernfalls würden wir nicht gerufen. Egal ob Feuer oder Unfall, Personenrettung oder Umweltschäden, Tag oder Nacht – immer gibt es ein Problem, das schnell in Ordnung gebracht werden muss. Um wirksam helfen zu können, braucht man einen guten Überblick: Was ist passiert, was muss getan werden? Welches Problem ist das dringlichste? Vor welchen Gefahren müssen wir uns schützen? Wie gehen wir vor? Erst dann folgen der Handlungsplan und dessen Umsetzung.

Mit anderen Worten: Wir Feuerwehrleute müssen der Wahrheit ins Auge schauen und die Lage genau analysieren. Das ist oft nicht leicht. Es gibt Angenehmeres, als ein umgekipptes Auto zu durchsuchen oder ein brennendes Haus zu erkunden; doch das ist die Voraussetzung dafür, dass man den Hebel richtig ansetzt und die Situation verändern kann.

Jede Veränderung zum Guten beginnt damit, dass man sich der Realität stellt

Das gilt für jeden Einzelnen: Jede Veränderung zum Besseren beginnt damit, sich der Realität zu stellen. Wir brauchen eine klare Bestandsaufnahme der Ist-Situation, das heißt, wir müssen der Wahrheit unseres Lebens ins Auge schauen: Wie sieht mein Leben aus in Bezug auf meine Karriere, meine Beziehungen und meine Persönlichkeit? Bin ich beruflich am richtigen Platz? Erfreue ich mich lebendiger Beziehungen, die geprägt sind von gegenseitiger Wertschätzung? Wie sieht meine Ehe aus? Habe ich noch echte Freunde? Lebe ich das Leben, das zu mir passt, oder bin ich vor allem damit beschäftigt, das zu tun, was andere von mir erwarten? Spüre ich eine innere Zufriedenheit und die Gewissheit, dass dieser Weg der richtige ist – oder habe ich ein permanentes Unbehagen und suche es zu verdrängen? Lebe ich in Übereinstimmung mit meinen Werten und Zielen? Und falls sich Lücken auftun zwischen Soll und Ist: Wie kann ich zurückerobern, was mir im Laufe der Jahre verloren gegangen ist?

Stellen Sie Ihr Leben immer wieder auf den Prüfstand und klopfen Sie es ab anhand dieser Fragen und zwar nüchtern und ohne Ausreden – genauso schonungslos, wie man sonst nur andere kritisiert. Haben Sie den Mut, der Wahrheit Ihres Lebens ins Auge zu schauen; dann eröffnen sich Möglichkeiten, etwas zu tun, etwas zu ändern. Das ist Ihre Chance! Denn nur dann können Sie aktiv werden, an den Stellschrauben drehen und einzelne Lebensbereiche schrittweise in die gewünschte Richtung entwickeln.

Mein Dasein annehmen

«Am Anfang stand eine Entscheidung. Ich entschied mich, dass der Leidensdruck zu groß geworden war und dass ich es nicht länger einfach als Alltagsnormalität hinnehmen wollte, ausgebrannt, unglücklich und energielos zu sein. Ich entschied, mein gesamtes Dasein mit all seinen fragwürdigen Werten und Überzeugungen anzunehmen und mich auf den Weg zu machen, meine eigenen Entscheidungen und Glaubenssätze zu verstehen. Erst, als ich akzeptierte, wer ich zu diesem Zeitpunkt war und an was dieser Mensch glaubte, gab ich mir die Erlaubnis, dieses Bild zu reflektieren und es zu verändern.» Das schreibt Jenifer Girke in einer packenden Story über ihr Leben im gomagazin.[*9] In einem stark leistungsorientierten Elternhaus aufgewachsen, hat sie früh gelernt: Gut ist nie gut genug. Diese Prägung treibt die junge Karrierefrau zu permanenten Bestleistungen in der Schule, im Studium und im Job – und in die Magersucht, in Depression und Burn-out. Von außen beneidet, im Inneren leidend, gelingt ihr die Kehrtwende haarscharf vor dem totalen Zusammenbruch. «Erst als ich aufgehört habe, mich ständig mit anderen zu vergleichen, bin ich wirklich gut geworden. Nicht besser.» Ihre Geschichte zeigt: Wir brauchen den ungeschminkten Blick in den Spiegel – auch wenn er weh tut.

Sehe ich die Realität so, wie sie ist, oder so, wie ich sie mir wünsche?

«Die meisten Führungskräfte verschwenden zu viel Energie darauf, sich die Realität zurechtzubiegen», schreibt Scott Edinger im «Harvard Business manager».[*10] Die Realität zu akzeptieren, so Edinger, gehört zu den nützlichsten – und am häufigsten missverstandenen – Fähigkeiten, die eine Führungskraft mitbringen sollte; richtig angewandt, ermöglicht sie Veränderung und Wachstum. Schlechtes Führungsverhalten hingegen wurzele oft in der Unfähigkeit, das zu akzeptieren, was gerade passiert, oder die Umstände anzunehmen, wie sie sind, und innerhalb dieser Grenzen zu arbeiten.

Edinger beschreibt einen klassischen Führungsfehler, der uns immer wieder passiert – nicht nur im Business, sondern auch im persönlichen Leben: Wir sehen die Dinge verzerrt und dabei oft besser, als sie tatsächlich sind. Dadurch verpassen wir die Möglichkeit zu wirklicher Verbesserung; denn nur, wenn wir die Realität akzeptieren, wie sie ist, können wir anpacken und Veränderungen vornehmen. Frei nach Managerlegende Jack Welch: «Sehen Sie der Realität ins Auge, wie sie ist, nicht wie sie war oder wie Sie sie gern hätten.»

«Ich habe bisher nie darüber nachgedacht, was mir persönlich wichtig ist ...»

Die Realität verzerrt wahrzunehmen ist das eine; der andere Kardinalfehler ist, die wichtigen Fragen nicht zu stellen. Kürzlich sagte mir ein Manager, den ich durch eine berufliche Neuorientierung begleitete, er habe nie darüber nachgedacht, was ihm persönlich eigentlich wichtig sei – der Druck im Job hätte dies einfach nicht zugelassen! Gleichzeitig litt er darunter, zu sehr von außen gesteuert zu werden ...

Im Grunde ist die Sache klar: Wer nicht klärt, was ihm wichtig ist (und was nicht), der kann auch nicht dafür leben. Oft lassen wir uns davon abhalten, uns selbst und unser Leben genau anzuschauen, das heißt: die Lage zu erkunden. Es muss so viel getan werden, so schnell, so dringlich, dass für Analyse und Strategie kein Raum mehr bleibt. Mit gravierenden Folgen: Wir werden gelebt, statt selbst zu leben.

Das Problem ist nicht das Problem

Es mag desillusionierend sein, irgendwie ist es aber auch beruhigend: Probleme sind nicht die Ausnahme, sondern die Regel – nicht zuletzt aufgrund der Komplexität unserer Persönlichkeit und der so unterschiedlichen Stakeholder (Partner, Familie, Freunde, Chef, Mitarbeiter, Kunden etc.) mit oft gegensätzlichen Erwartungen; dazu kommen viele andere Einflüsse.

Dass bei einer Analyse des Lebens nicht immer alles im grünen Bereich ist, sollte also keine Überraschung sein, sondern zur Bestätigung dienen; denn genau hier liegt das Verbesserungspotenzial – und Ihr Handlungsauftrag. Interessant: «Problem» bedeutet wörtlich «eine Sache, die zur Lösung vorgelegt wird». Es ist Ihr Privileg, die Lage zu analysieren, Probleme zu definieren und dann Lösungsschritte zu gehen.

Jeder weiß, dass Herausforderungen in Beruf, Familie und Persönlichkeit keine Seltenheit sind, sondern zum echten Leben dazugehören. Probleme sind der Normalfall, kein Problem zu haben ist die Ausnahme. Mit anderen Worten: Das wirkliche Problem ist nicht das Problem; das tatsächliche Problem ist, wenn man sich seinen Problemen nicht stellt, den Kopf in den Sand steckt. Ungute Zustände oder Entwicklungen, wenn man sie zu lange verdrängt oder ignoriert, werden zu echten Krisen. Wer sich ihnen aber stellt, der Wahrheit ins Auge schaut und etwas unternimmt, der kann konstruktive Lösungen erzielen.

Seien Sie ein echter Leader, eine kompetente Führungskraft!

II. Alle Krisen sind Führungs- krisen

Alle Krisen sind Führungskrisen.
Warum scheitern Führungskräfte?
Weil sie das Kurzfristige über das Langfristige stellen!

Bill George

Gute Führung macht den Unterschied

In einem der innovativsten Unternehmen der Welt spricht eine der renommiertesten Führungskräfte über die Merkmale guter Führung. Er muss es wissen – es ist William «Bill» George, Harvard-Professor für Management; seit über 30 Jahren hat er hochrangige Führungspositionen inne, er ist Bestseller-Autor und einer der «Top 25 Business Leaders of the Past 25 Years». In seinem Vortrag macht Bill George ein Statement, das es in sich hat: *Alle Krisen sind Führungskrisen!**[11]

Über diesen Satz sollten wir nachdenken. Noch einmal: Alle Krisen sind Führungskrisen. Das heißt, egal welche Krise – ob auf staatlicher oder internationaler Ebene, in Unternehmen und Organisationen oder auf persönlicher Ebene –, hinter jeder Krise steckt eine Führungskrise. «Führungskrise», das bedeutet: nicht oder nicht gut erfolgte Führung durch die jeweils verantwortlich Handelnden.

«Alle Krisen sind Führungskrisen» – diese Aussage von Bill George fordert heraus. Ist seine These stichhaltig? Auf politischer oder unternehmerischer Ebene lässt sich dem vielleicht zustimmen; aber gilt das auch für Krisen im Privatleben, für persönliche Krisen?

Der schnelle Vorteil macht blind für die langfristigen Konsequenzen

Schon allein die Wirtschaftspresse liefert unzählige Fallbeispiele für Krisen. Bei genauer Analyse stehen dahinter tatsächlich so gut wie immer Führungsfehler. In der Praxis hat das viele Facetten:

- Missmanagement (Fehlentscheidungen, fehlerhafte Firmenpolitik, überholte Geschäftsmodelle, Nichtwahrnehmung von Verantwortung etc.)

- persönliche Eitelkeiten oder versteckte Motive der Verantwortlichen

- Manipulation und Korruption

- eine Kultur des Misstrauens oder sogar der Angst

- falsch gesetzte Anreize

- fehlende oder nicht klar definierte Grenzen (nicht nur des «Go», sondern auch des «No-Go»; es fehlt also an der Klärung auch dessen, was man nicht will und was nicht geht)

- Fehler in der Kommunikation

- fehlende oder unklare Vision und Strategie

- Manchmal sind die Handelnden schlicht und einfach inkompetent (unfähig, es richtig zu machen und/oder die Konsequenzen zu erkennen).

- ... und viele andere Faktoren

Sicher gibt es für Krisen auch externe Gründe – Faktoren, die ein Unternehmen nicht in der Hand hat: Vorgaben durch die Politik, Marktveränderungen, globale Entwicklungen etc.; aber in solchen Fällen liegt es immer noch in der Hand der Führungskraft, der Firmenleitung, wie sie darauf reagiert.

Bei Licht betrachtet ist das Gros der Krisen tatsächlich (vor allem) hausgemacht.

«There are no underdeveloped countries!»

Wie sieht das auf Staaten-Ebene aus? Peter Drucker sagt: «There are no underdeveloped countries, only undermanaged ones» – Es gibt keine unterentwickelten Länder, sondern nur schlecht geführte. Das ist die gleiche Aussage, nur anders ausgedrückt.

Der Ist-Zustand (eines Landes, eines Unternehmens, eines Lebens) ist prinzipiell das Produkt eines langen Prozesses, und der ist vor allem bestimmt von der Art und Qualität der Führung. Wenn wir das weiterdenken, können wir in Anlehnung an Peter Drucker auch über uns selber sagen: *There are no «underdeveloped» lives, only «undermanaged» ones* – Es gibt kein «unterentwickeltes» Leben; und wenn doch, dann hat dieser Mensch sein Leben schlecht geführt.

Was im Wirtschaftsumfeld, in Politik und Gesellschaft gilt, gilt auch auf persönlicher Ebene: Jede Krise in unserem Leben ist eine Führungskrise; Sinn-Krisen, Beziehungs-Krisen, Finanz-Krisen, oft auch Krankheits-Krisen haben ihre Ursache in fehlender oder schlechter Führung.

Im Klartext: Wenn wir uns selbst nicht gut führen, landen wir in der Krise! Das mag nicht allzu ermutigend klingen, ist es aber dennoch; denn es zeigt einen Lösungsweg und eröffnet Handlungs-Freiräume, die wir nutzen können. Oder, als Prophylaxe gesehen: Wenn Krisen das Resultat schlechter Führung sind, können wir mit guter Führung enorm viel Schaden abwenden und Gutes bewirken.

Welche Fehler sollten wir nun umgehen und wie sieht gute Führung aus, um langfristig und möglichst ganzheitlich für Erfolg zu sorgen?

Welche Führungsfehler sollten wir umgehen?

Burkhard Schwenker, langjähriger Chef der Unternehmensberatung Roland Berger, veröffentlichte vor einiger Zeit ein Buch mit dem Titel «Gute Führung»; darin legt er dar, warum Unternehmen scheitern und wie gute Führung gelingen kann.[*12] Schwenker analysiert klassische Führungsfehler, die Firmen zunächst in die Krise führen und schließlich zum Scheitern.

Dem Leser fällt auf, dass es (wie so oft) starke Parallelen gibt zwischen Business und Privatleben: Viele der Führungsfehler, die für Firmen fatal sind, unterlaufen uns auch im persönlichen Leben – mit ebenso fatalen Folgen. Damit Sie daraus lernen und es besser machen können, hier die häufigsten und schwerwiegendsten in Kurzform:

Führungsfehler Nr. 1:

Frühwarnsignale werden nicht wahrgenommen oder sogar aktiv verdrängt

Frühwarnsignale im Business sind zum Beispiel von den Sollvorgaben abweichende Kennzahlen, eine hohe Mitarbeiter-Fluktuation, Qualitätsprobleme oder Kundenbeschwerden. Welche Frühwarnsignale sendet uns das Privatleben, die eigene Persönlichkeit? Zum Beispiel ein inneres Unbehagen, einen leidenden Ehepartner oder körperliche Symptome. Vielleicht spüre ich innerlich, dass ich etwas verändern sollte – ich werde aber nicht aktiv? Vielleicht signalisiert mein Partner schon lange, dass er sich mehr Aufmerksamkeit wünscht – ich gehe aber nicht darauf ein? Vielleicht lässt mein Körper das eine oder andere Alarmzeichen aufleuchten – ich nehme darauf aber keine Rücksicht?

In der Hektik des Tagesgeschäftes und unter dem Druck der Verantwortung ist die Gefahr groß, solche Signale zu lange zu übergehen. Das Problem: Wenn wir nicht rechtzeitig gegensteuern, landen wir in der Krise; manche verstehen den Ernst der Lage auch erst, wenn sie vor vollendeten Tatsachen stehen.

Ein Unternehmer klagte mir sein Leid – seine Frau hatte ihn verlassen. Ich fragte ihn nach seinem Lebens- und Arbeitsrhythmus; und er erzählte mir, sein Arbeitstag beginne üblicherweise um sechs Uhr früh und dauere bis in den späten Abend, selbstverständlich von Montag bis Samstag. Am Sonntag würde er nicht arbeiten, sonntags mache er nur Buchhaltung und erledige, was die Woche hindurch liegengeblieben sei. Auf meine Frage, wie lange seine Frau das schon mitmache, sprach er von «etlichen Jahren». Meine Antwort war, dass ich seine Frau bewundere. Wäre ich an ihrer Stelle, ich hätte das nicht so lange ausgehalten! Sicher hatte auch die Ehefrau dieses Unternehmers ihre Frühwarnsignale gesendet, aber er hatte es entweder gar nicht wahrgenommen oder sogar aktiv verdrängt, abgetan, beiseitegeschoben, ihr gar zum Vorwurf gemacht.

Führungsfehler Nr. 2:

Geschäftsmodelle werden nicht kritisch reflektiert

Ein Geschäftsmodell veranschaulicht die Grundlogik eines Unternehmens: Warum, für wen und auf welche Art sind wir tätig? Wie schaffen wir für andere einen Mehrwert? Was ist unser Alleinstellungsmerkmal, unser USP *(unique selling proposal)*? Hier werden Grundsatzfragen geklärt, damit die Firma sich richtig positionieren und die verfügbaren Ressourcen *zielgerichtet* einsetzen kann.

Ein gutes Geschäftsmodell ist also wichtig, unbestritten. Wie aber sieht es mit Ihrem Lebensmodell aus? Haben Sie die Grundlogik Ihres Lebens geklärt? Wofür wollen Sie leben? Auf welche Werte bauen Sie? Wer ist Ihre primäre Zielgruppe, das heißt: Wer sind in Ihrem Leben die wichtigsten Menschen? Wie wollen Sie Ihre Möglichkeiten – Geld, Zeit, Kraft – einsetzen, um eine gute Wirkung zu erzielen? Und vor allem: Warum tun Sie, was Sie tun?

Nehmen Sie sich die Zeit, Ihr Lebensmodell immer wieder einmal auf den Prüfstand zu stellen! Das tun Sie vor allem mit ein paar guten Fragen: Sind Sie noch richtig unterwegs? Kommen Sie mit dem, was Sie tun, Ihren Zielen näher? Gibt es Abweichungen zwischen Soll- und Ist-Zustand? Falls ja: Wie könnten Sie die Lücken schließen?

Skizzieren Sie auf einem weißen Blatt Papier Ihre Jobs und Aufgaben (beruflich, ehrenamtlich, privat) und fragen Sie sich dann, warum Sie das jeweils tun: Was ist Ihr tatsächliches Motiv? Engagieren Sie sich, weil Sie etwas bewegen können und die Aufgabe Ihnen Freude macht, oder deshalb, weil Sie nicht «Nein» sagen können und andere nicht enttäuschen wollen? Passt die jeweilige Aufgabe in Ihr aktuelles Portfolio oder tragen Sie noch Altlasten mit sich herum: Jobs, die Sie irgendwann einmal angenommen haben, von denen Sie aber spüren, dass sie eigentlich «nicht mehr dran» sind? Gibt es Lebensbereiche, die dauerhaft zu kurz kommen und stärker berücksichtigt werden müssen? Wie sieht Ihr Lebens- und Arbeitsrhythmus aus – vielleicht so ähnlich wie in dem obigen Beispiel? Was ist Ihnen wirklich wichtig, wie möchten Sie Prioritäten setzen?

Ich erinnere an den Manager, der mir im Coaching sagte, schon allein die Frage, was ihm wirklich wichtig sei, habe eine enorm befreiende Wirkung; er habe bisher nie daran gedacht, sein Leben aus diesem Blickwinkel zu betrachten ...

Führungsfehler Nr. 3:

Es mangelt an Mut, gegen die herrschende Meinung zu argumentieren

Im Meeting begann einer der Teilnehmer, über einen nicht anwesenden Kollegen herzuziehen. Das ging eine Weile so, dann meldete sich eine andere Teilnehmerin zu Wort: «Ich möchte nicht, dass über jemanden, der nicht anwesend ist, negativ gesprochen wird. Wir sollten über jede Person nur so sprechen, wie wir es auch tun würden, wenn diese Person hier im Raum wäre.» Erschrockenes Schweigen. Das saß! Dieser Mut, sich gegen die «herrschende Meinung» auszusprechen, beeindruckte alle und die Atmosphäre im Meeting änderte sich schlagartig.

Wenn Führung vor allem «Einfluss nehmen» bedeutet, wurde hier auf eine eindrückliche Weise gut geführt. Vielleicht hat diese Person im Unternehmen keine Führungsposition inne; doch in diesem Moment hat sie für eine Verbesserung der Unternehmenskultur mehr getan als manches teure «Culture Change»-Programm!

Um sich in der Strömung unterschiedlicher Meinungen und Einflussfaktoren klar zu positionieren, braucht es ein gesundes persönliches Standing – einen guten Standpunkt und eine gesunde Standfestigkeit. Deshalb frage ich Führungskräfte immer wieder nach ihren unverhandelbaren Prinzipien: Was sind Ihre innersten Überzeugungen und Werte, bei denen Sie – falls sie verletzt oder korrumpiert werden – vom Tisch aufstehen und hinausgehen? Einer meiner Mentoren sagte einmal: «Johannes, never compromise your standard!» Behalte deinen Standard bei, auch wenn es etwas kostet: Heißt das, wir sollten Betonköpfe sein, stur und jedem Kompromiss abhold? Nein, es bedeutet nicht, dass wir immer unsere Meinung durchsetzen sollten und alle anderen sich nach uns zu richten hätten; schließlich sind wir nicht allein auf der Welt. Es bedeutet vielmehr, dass wir unsere Werte, Überzeugungen und Prinzipien klären und dann mutig dazu stehen und danach leben.

«Abgestürzte» Manager berichten häufig, das Abweichen in den Graubereich habe damit begonnen, dass sie sich von ihren Werten und Überzeugungen verabschiedeten und diese nach und nach aufweichten, oft mit dem Argument «Die anderen tun das ja auch». Ein großer Nutzen unverhandelbarer Prinzipien ist deshalb die Prävention: Wenn für Sie klar ist, was Sie als nicht verhandelbar betrachten, bauen Sie damit eine Sicherheitsschranke ein, die Sie vor dem Abdriften und Abstürzen bewahren kann. Sie stärken Ihre Persönlichkeit und schärfen Ihr Profil.

Die Übereinstimmung zwischen dem, was einem wichtig ist (Werte), und dem, was man lebt (Verhalten), ist eine wichtige Komponente der Integrität; diese Übereinstimmung zu bewahren hält auf geradem Kurs.

Führungsfehler Nr. 4:

Veränderungen werden hinausgezögert, oder: Aktionismus statt konkreter Maßnahmen

Oft ist es so: Entweder wir bleiben passiv und lassen zu lange der Sache ihren Lauf – oder wir verfallen in Aktionismus und versuchen, die Umstände zu schnell zu verändern, viel zu hektisch, ja, gewaltsam. Beides bringt uns nicht weiter.

Nachhaltige Veränderung besteht aus zweierlei: erstens aus einer klaren Analyse und zweitens einem durchdachten Lösungsweg. Kommt beides zusammen, ist der Erfolg schon fast garantiert.

Zunächst muss geklärt werden, was verändert werden soll und warum. Dazu ist es notwendig, der Wahrheit ins Auge zu schauen, also dem tatsächlichen Zustand unseres Lebens in den verschiedenen Lebensbereichen, und zu überlegen, wo Veränderung notwendig ist oder wünschenswert wäre; dann können wir darüber nachdenken, wie diese Veränderung gelingen kann: Welche Schritte kann ich tun, um das Ziel zu realisieren?

In der Beratung sprechen wir von «kleinen Siegen». Planen Sie kleine, dafür sehr konkrete Schritte zur Umsetzung; die dürfen Sie nicht überfordern und müssen in Ihrer jetzigen Lebenssituation möglich sein. Nicht: «Nächsten Monat laufe ich einen Marathon!» (Aktionismus, Überforderung), sondern: Ich nehme mir regelmäßig Zeit für Sport und Bewegung; diese Zeiträume trage ich in den Kalender ein. Nicht: «Ich nehme mir vor, ab sofort ein exzellenter Ehepartner zu sein» (das ist zu wenig konkret, außerdem schafft man das sowieso nicht), sondern: Ich beginne damit, an einem Abend pro Woche Handy und Laptop auszuschalten und mir bewusst Zeit für meinen Partner zu nehmen. Nicht: «Meine vielen Aufgaben lassen mir keine Luft zum Atmen, deshalb kündige ich meinen Job, ich werfe den Bettel hin» (Aktionismus mit massivem Kollateralschaden), sondern: Ich nehme ein weißes Blatt Papier und notiere alle Aufgaben und Verantwortungsbereiche; dann überlege ich, warum ich all das tue, und im dritten Schritt, welche Aufgaben ich delegieren oder abgeben sollte.

Allgemein gehalten: Machen Sie Bestandsaufnahme, nehmen Sie sich wahr im bestehenden System; dann beginnen Sie, an einzelnen Stellschrauben zu drehen, um so das große Ganze in kleinen Schritten zu verändern. Gezielte Maßnahmen und kleine Schritte sind wesentlich wirksamer als der große Knall – der wirbelt viel Staub auf und kann vieles kaputtmachen, am Ende aber bringt er kaum Verbesserung.

Führungsfehler Nr. 5:

Vision und Strategie fehlen ganz oder werden nicht klar und überzeugend genug kommuniziert

Im Business und an der Börse braucht es große Visionen – sie begeistern und beflügeln Anleger wie Unternehmer. Was ist die Vision für unser Leben? Haben wir eine übergeordnete Idee, in die wir uns investieren? Etwas, das größer ist als wir selbst und spannender als nur Geldverdienen? Eine Vision in diesem Sinne ist «ein begeisterndes Bild von der Zukunft».

Wichtig für eine gute Führung ist also ein motivierendes Zukunftsbild und dazu die Frage, was man mit seinem Geschäft, mit seinem Leben bewirken will. Eine Vision weckt die Lebensgeister, sie führt jemandes Kompetenzen, Stärken und Talente zusammen mit seinen Träumen. Sie hilft einem, das in ihm liegende Potenzial zu entwickeln und für ihn selbst und andere nutzbar zu machen. Ohne Vision läuft man Gefahr, gelebt zu werden statt selber zu leben; dann funktioniert man vielleicht einwandfrei, hat aber Feuer und Freude verloren.

Um mit Bill George zu fragen: Was ist der Sinn Ihres Tuns? Sie arbeiten in der Woche 50, 60 oder 70 Stunden, haben kaum Zeit für Ihre Familie ... Sie zahlen einen hohen Preis! Was ist der Sinn, was ist *Ihr* «Warum»?

Wenn Sie darüber nachdenken, wofür Sie leben wollen, gibt das Ihrem Leben eine Richtung. Fragen Sie nicht länger: Was denken oder erwarten *andere*, dass ich tun soll?, sondern: Wofür *will* ich leben, und wofür will *ich* leben? Diese Frage ist nicht egoistisch, sondern verhilft zu selbstverantwortlichem Handeln und klarer Zielsetzung; und sie hilft Ihnen, eine Lebens-Strategie zu entwickeln – die Vision definiert das Ziel, die Strategie klärt den Weg.

Damit wird Ihnen nicht nur klarer, welche Optionen für Ihren Lebens- und Karriereweg infrage kommen, sondern auch, welche nicht. In einer Welt voller Möglichkeiten und vermeintlich uneingeschränkter Wahlfreiheit ist das ein großer Vorteil. Unternehmen mit einer großen Vision sind spannend und haben das Potenzial, die Welt zu verändern. Das gilt auch für Sie als Einzelperson.

Auf Kurs bleiben

Warum ist gute Führung so wichtig? Weil sie uns auf Kurs hält; sonst laufen wir Gefahr, vom geraden Weg abzukommen. Zwischen dem Karrierestart am Anfang und unserem Leben viele Jahre später passiert vieles, was wir vorher nicht auf der Rechnung gehabt haben: Große Kräfte wirken auf uns ein – Erwartungen, Druck, Versuchungen, innere Treiber –; sie haben das Potenzial, unsere Persönlichkeit und unseren Lebensstil zu korrumpieren, und irgendwann sind wir nicht mehr die Person, die wir einmal waren. Wir leben nicht mehr das Leben, das wir eigentlich wollten. Wir zahlen einen zu hohen Preis. Prominente Beispiele dafür gibt es genug – und sie sind nur die Spitze des Eisbergs.

Knast ist ungut

Ich habe noch nie jemanden sagen hören: «In zehn Jahren will ich im Gefängnis sitzen!»

In meinem Kalender stand eine Begegnung, auf die ich sehr gespannt war: Ich saß im Flieger nach Hamburg, um Thomas Middelhoff zu treffen. Als Chef des Medienriesen Bertelsmann und des Karstadt-Mutterkonzerns Arcandor, zudem Mitglied in Aufsichtsräten und Boards bedeutender internationaler Konzerne, war Middelhoff viele Jahre einer der bekanntesten und schillerndsten Wirtschaftsmanager der Republik. «Big T», wie er bezeichnenderweise genannt wurde, verkehrte mit berühmten Wirtschaftsgrößen wie Bill Gates und Steve Jobs und war es gewohnt, das ganz große Rad zu drehen.

Sein Leben und seine Karriere verliefen steil und kannten nur eine Richtung: aufwärts – bis zu jenem Tag im November 2014, an dem Middelhoff in einem Aufsehen erregenden Prozess vor dem Landgericht Essen wegen Untreue und Steuerhinterziehung zu einer mehrjährigen Haftstrafe verurteilt wird. Dem fulminanten Aufstieg folgt der beispiellose Absturz: Gefängnis, Privatinsolvenz, Krankheit, Zerstörung der beruflichen Existenz und Reputation. Kaum jemand sonst hat beide Extreme – ganz oben und ganz unten – so intensiv durchlebt wie er; und nun bin ich drauf und dran, Middelhoff zu besuchen.

Als wir uns unweit der Außenalster treffen, um über sein Leben und seine Karriere zu sprechen, bin ich überrascht: Mir gegenüber sitzt ein Mann, der nicht nur von besonderem Format ist, sondern – und das finde ich noch viel beeindruckender – der angesichts dieser einschneidenden persönlichen Krise durch einen Prozess ehrlicher und schonungsloser Reflexion gegangen und dabei zu tiefgreifenden

Erkenntnissen gekommen ist. Im Gespräch erzählt Middelhoff, die Werte, die ihm früher einmal wichtig gewesen seien, habe er im Laufe seiner Karriere zunehmend mit Füßen getreten, angetrieben durch die Sucht nach Anerkennung. Er sagt, dass er bald kein Korrektiv mehr hatte und das auch nicht mehr haben wollte, ein Korrektiv, das ihn hätte schützen und auf Kurs halten können. Als Schuldigen für seinen Absturz macht er eine einzige Person aus: sich selbst!

Auf meine Frage, was er Führungskräften heute raten würde, hat er eine klare Antwort: «Du musst dir deinen Charakter bewahren! Deine Werte und Prinzipien müssen für dich klar sein. Du musst du selbst sein.» Sonst sei die Gefahr groß, dass dies auf dem Weg der Karriere verloren geht.

«Du musst dir deinen Charakter bewahren!»

Das ist ein entscheidender Aspekt, Middelhoff betont ihn immer wieder: Lernbereitschaft, Fähigkeit und Einsatzwille können einen in der Karriere weit voranbringen; «aber ... ganz entscheidend ist für ein erfolgreiches Leben, dass man seinen Charakter behält. ... Ich kann Ihnen nur den Mut machen: Wenn es erforderlich ist, einen Karriereschritt zu machen, und [was] man von Ihnen verlangt, das geht zu Lasten ganz bestimmter Werte, die Sie haben, oder ganz bestimmter Elemente Ihres Charakters – lassen Sie diesen Karriereschritt aus. ... Langfristig zahlt sich der Charakter und die Charakterstärke viel mehr aus.»[*13] Im Gefängnis habe er zunächst Monate gebraucht, um zu realisieren, dass er über die letzten 25 Jahre seiner Karriere sich selbst verloren hatte. Der Financial Times sagte er: «Ich wurde zu jemandem, der nicht mehr ich selbst war ... Stück für Stück zerbrachen mein ganzes Lebenskonzept und mein bisheriges Selbstbild.»[*14]

«Heute weiß ich, dass ich in einem selbst produzierten Teufelskreis gefangen war»

In seinem Buch «A115 – Der Sturz», in dem Middelhoff über seine Zeit in der Haft schreibt, wird er sehr persönlich:

Die Wochen und Monate in der Stille und Einsamkeit von A115 [Anmerkung: «A115» war die Nummer von Thomas Middelhoffs Zelle in der U-Haft] haben Sichtweisen verändert und Einsichten gewährt. Und sie haben zu vielerlei Erkenntnissen geführt. Ich habe über einen langen Zeitraum meines Berufslebens eine Rolle gespielt: die Rolle eines international agierenden Managers, der immer und überall erfolgreich tätig ist; Teil der globalen Business-Elite; hart, schnell, einflussreich und allem und jedem gewachsen.

Eine Rolle, von der mir in A115 bewusstgeworden ist, dass ich sie zumeist selbstverliebt ausgefüllt hatte; eine Rolle, die ich aber zunehmend auch hasste, weil ich spürte, dass ich innerlich immer leerer wurde, je länger ich sie spielte. Heute weiß ich, dass ich in einem selbst produzierten Teufelskreis gefangen war: zwischen der Notwendigkeit, Bertelsmann und später Arcandor neu auszurichten auf der einen, und einem wachsenden Gefühl des Getriebenseins auf der anderen Seite.

In der Abgeschiedenheit meiner Zelle erkannte ich, was ich geworden war: ein Narzisst, dessen Handeln in vielerlei Hinsicht hedonistisch bestimmt war. Schritt für Schritt hatte ich mich dabei selbst verloren [...]

Die Leere wurde immer belastender, und auch immer neue Herausforderungen, die ich ständig suchte, um allen zu zeigen, dass alles denkbar und machbar war, konnten sie nicht mehr füllen. Es spielte keine Rolle, wie groß die Erfolge waren, ob bei AOL, RTL, Thomas Cook, Random House und Apcoa, oder wie gravierend die Misserfolge, die ich zu verantworten hatte. Die Suche nach Anerkennung war auch der Grund meiner emotional getriebenen Entscheidung, die Verantwortung für KarstadtQuelle in einer Situation zu übernehmen, in der sich alle anderen, die gefragt worden waren, weggeduckt hatten. Ich wollte der Welt beweisen, dass ich auch diese aussichtslose Mission in einen Erfolg ummünzen konnte.

Jahrzehntelang bin ich um den Globus gejagt – auch mir selbst hinterher. Ich suchte wie ein Abhängiger die Anerkennung der Medien, den Zuspruch des Mentors, das Lob des Eigentümers. Das

Bild von mir, das ich bei anderen oder in der Öffentlichkeit zeichnen wollte, hatte nichts mehr mit dem Menschen zu tun, der ich eigentlich bin.

In A115 wurde mir klar, dass ich nicht nur diese Rolle nicht mehr spielen wollte und durfte, sondern gar keine Rolle; dass ich wieder authentisch sein muss, dass ich Wertstiftendes tun muss, um mich selbst wieder zu finden, um die Leere wieder füllen zu können. Materielle Dinge und Statussymbole hatten in A115 ohnehin jeglichen Wert verloren. Und je mehr ich abgab, umso stärker wurde zugleich das Gefühl der inneren Befreiung.

Je größer die öffentlichen Demütigungen, Schmähungen und Verletzungen, je mehr ich mich erniedrigt fühlte, sinnbildlich am öffentlichen Pranger stehend, desto mehr Stärke wuchs aus der Erkenntnis, dass nicht das öffentliche Bild einen Menschen prägt, sondern der innere Kern. Ich begriff, dass ich weder von materiellen Dingen abhängig bin noch von vermeintlichen Statussymbolen.

In meiner Zelle war mir alles genommen – und dennoch fühlte ich mich nicht so leer wie zuvor in Zeiten materieller Fülle.[*15]

Je mehr ich abgab, umso stärker wurde das Gefühl der inneren Befreiung.

Thomas Middelhoff

Der Fall Thomas Middelhoff zeigt, welcher Gefahr erfolgsorientierte Männer und Frauen auf dem Weg der Karriere ausgesetzt sind. In meinen vielen Begegnungen mit Managern, Führungskräften und Unternehmern habe ich noch nie jemanden sagen hören: «In zehn Jahren will ich im Gefängnis sitzen!» Ich habe auch noch nie jemanden sagen hören: «In zehn Jahren will ich geschieden sein», oder: «Ich will den Kontakt zu meinen Kindern verlieren.» Und doch geschieht es immer wieder. Machen wir uns nichts vor: Keiner von uns ist davor gefeit, vom geraden Weg abzukommen.

Ihre Integrität ist in Gefahr! Deshalb nehmen Sie das Ruder in die Hand und treffen Sie proaktiv Vorkehrungen, um auf Kurs zu bleiben.

Alles hat seinen Preis

Die meiste Zeit geht dadurch verloren,
dass man nicht zu Ende denkt.
Alfred Herrhausen

Friedhöfe sind die reichsten Orte unseres Landes. Warum? So viele Menschen liegen dort begraben, die gelebt wurden, statt selber zu leben. Hier liegen Träume, Zukunftsvorstellungen und «Ich wünschte, ich hätte ...» – zu vieles wurde nie gelebt, das meiste hat man still zu Grabe getragen.

Dort liegen übrigens auch viele, die dachten, ohne sie würde es nicht gehen – und siehe da: Es geht doch. Die Welt dreht sich weiter, auch ohne uns!

Wenn man alte Menschen fragt, was sie im Rückblick auf ihr Leben am meisten bereuen, steht ein Punkt ganz oben auf der Liste: «Ich wünschte, ich hätte den Mut gehabt, mein eigenes Leben zu leben.» Niemand bereut, dass er die täglichen To-do-Listen nicht geschafft oder die Erwartungen anderer nicht ausreichend berücksichtigt hätte; es bereut auch kaum jemand, dass er etwas wagte und das dann schiefging.

Viele aber bereuen, dass sie nie den Mut hatten, überhaupt etwas zu wagen. Sie bereuen das Versäumnis, für ihre Überzeugungen und Ziele einzustehen; Grenzen zu setzen, wo es notwendig gewesen wäre; auch einmal gegen den Strom zu schwimmen; sich selbst ernst zu nehmen und die eigenen Bedürfnisse zu berücksichtigen; sich bei wichtigen Weichenstellungen für die Sicherheit entschieden zu haben, statt das Risiko einzugehen.

Die große Denklüge: «Das kann ich mir nicht leisten!»

Es gibt eine weitverbreitete Lüge. Wir begegnen ihr an allen Ecken und Enden; sie hält uns davon ab, eine gesunde Selbstführung zu praktizieren. Wollen Sie wissen, wie sie lautet? Ganz einfach: «Das kann ich mir nicht leisten!» Zeit zum Nachdenken? Kann ich mir nicht leisten! Früher aus dem Büro gehen und Sport machen? Kann ich mir nicht leisten! Spiele-Zeit mit meinen Kindern? Kann ich mir nicht leisten! In Urlaub fahren und einmal richtig abschalten? Kann ich mir nicht leisten! Um 23 Uhr keine E-Mail mehr beantworten und das Handy früher offline schalten? Kann ich mir nicht leisten! Einen Auftrag ablehnen? Kann ich mir nicht leisten! Auf einen Karriereschritt verzichten? Kann ich mir nicht leisten! «Nein» sagen und die Erwartungen anderer enttäuschen? Kann ich mir nicht leisten! – Die Liste ließe sich fortsetzen.

Was auch immer auftaucht an Ideen, Einsichten, Vorschlägen, Wünschen – die Antwort lautet oft: «Das kann ich mir nicht leisten!» Warum denn nicht? Weil wir einen Knick in der Optik haben: Wir sehen nur die Kosten, die uns entstehen, wenn wir uns selbst ernst nehmen. Doch den Preis, den wir zahlen, weil wir uns *nicht* ernst nehmen, den sehen wir nicht.

Wir leben immer das Leben, das wir selbst wählen

Stellen wir uns vor: Da ist ein Freiberufler, der keinen Auftrag ablehnen will («Das kann ich mir nicht leisten»), dadurch kommt er immer mehr unter Druck und lebt praktisch nur noch für sein Geschäft. Einen Auftrag abzulehnen kostet den Preis des Verzichts auf etwas Umsatz und Gewinn. Ihn nicht ablehnen kostet den Preis, zu wenig Zeit zu haben für die Familie und sich selbst – mit der Konsequenz, dass die wichtigsten Beziehungen leiden und eigene Bedürfnisse zu kurz kommen. Temporär ist das machbar, auf lange Sicht aber wird dieser Preis immer höher. Unser Freiberufler kann beide Kosten einander gegenüberstellen und entscheiden, welchen Preis er zahlen will.

Oder jemand, der längst etwas für seine körperliche Kondition tun sollte: Auf den Vorschlag, doch etwas Sport zu machen, folgt die Antwort «Keine Zeit!», was gleichbedeutend ist mit «Das kann ich mir nicht leisten» (weil ich die dafür erforderliche Zeit zum Geldverdienen einsetzen muss). Sport machen kostet den Preis, sich Zeit zu nehmen - und die fehlt dann an anderer Stelle. Keinen Sport machen aber kostet auch einen Preis: den Preis einer schlechten körperlichen Verfassung, unerwünschter Begleiterscheinungen (Bluthochdruck, geringere Leistungsfähigkeit, Einschränkung der Beweglichkeit), nicht zu vergessen die enormen langfristigen Folgekosten (anfälliger für Krankheiten, schlechtere Lebensqualität und niedrigere Lebenserwartung). Auch hier kann man beide Kosten nebeneinanderstellen und dann entscheiden, welchen Preis man zahlen will. Bezahlt wird immer; die Frage ist, welchen Preis zu zahlen Sie bereit sind und was auf lange Sicht wirklich rentabler ist.

Es stimmt: Das Leben ganzheitlich leben und sich selbst ernst nehmen, das kostet einen Preis. Aber: Sich selbst nicht gut führen, den Blick für das Ganze aus den Augen verlieren und die eigenen Bedürfnisse nicht berücksichtigen, das kostet auch einen Preis – und der ist noch viel höher: Es kostet uns ein selbstbestimmtes, ganzheitliches und gesundes Leben.

«Das kann ich mir nicht leisten» heißt: «Ich habe keine Wahl. Ich bin wahllos den Umständen ausgeliefert», das heißt: an sie versklavt. Wir sollen aber keine Sklaven sein, sondern frei und souverän; deshalb sollten wir neu denken lernen.

«Ich kann mir das leisten» (oder: «Das bin ich mir wert») befreit Sie aus der ohnmächtigen Passivität und eröffnet Ihnen Handlungsoptionen. Jetzt können Sie die Kosten abwägen und dann entscheiden, welchen Preis zu zahlen Sie bereit sind. Die Entscheidung liegt bei Ihnen. Wir alle, jeder von uns, leben immer das Leben, das wir selbst wählen.

Innere Treiber erkennen und verändern

Warum leben wir so, wie wir leben? Woher kommt die Diskrepanz zwischen dem, was wir uns eigentlich wünschen, und dem, was wir tatsächlich tun? Wie kann es sein, dass wir uns so leicht ablenken und fremdbestimmen lassen?

Oberflächlich betrachtet könnte man antworten, dass es neben unseren eigenen Zielen und Wunschvorstellungen in unserem Umfeld natürlich jede Menge Leute gibt, deren Interessen auch berücksichtigt werden müssen. Dass wir «Sachzwängen» ausgeliefert sind, an denen sich leider nichts ändern lässt. Dass wir ja gar nicht anders können!

Wirklich? Wenn man etwas tiefer gräbt, zeigt sich: Ein großer Teil unseres Handelns ist gesteuert von «inneren Treibern»: Prägungen, Denkmuster und Lebenssätze, die tief in uns eingegraben sind und meist unbewusst wirken. Der äußere Beruf-Kreis und der mittlere Beziehungen-Kreis werden bestimmt und geprägt vom inneren Kreis, von der Persönlichkeit. Wir leben von innen nach außen; wir führen vor allem mit dem, wer wir *sind*. Es geht zunächst gar nicht um das, was wir tun, sondern um das, was uns im Kern ausmacht: Was denken wir über uns selbst? Wie sehen wir das Leben? Woran glauben wir? Und: Lässt sich unser Inneres verändern?

Glaube als Führungsvorteil

As an atheist, I truly believe Africa needs God.
Matthew Parris

Nach 45 Jahren kam er wieder in das Land, das, als er noch Kind war, Nyasaland hieß; 1964 wurde es von Großbritannien unabhängig und seitdem heißt es Malawi. Matthew Parris wuchs heran in Südafrika und studierte in Cambridge und Yale, in England schlug er eine politische Laufbahn ein und wurde später Journalist. Kurz vor Weihnachten 2008 führte ihn seine Tätigkeit für die Times zurück zu seinen Wurzeln: Er besuchte ein von der Zeitung unterstütztes Hilfsprojekt in einem malawischen Dorf. Das «Pump Aid project» hilft Menschen in abgelegenen Dörfern, Wasserpumpen zu installieren, um den Dorfbrunnen dicht und sauber zu halten – und Parris flog nach Afrika, um sich das Projekt anzusehen.

Die Reise sei sehr inspirierend gewesen und habe ihn bestärkt in seiner Überzeugung, sich für Entwicklungsprojekte einzusetzen, schreibt er danach in einem Artikel. Gleichzeitig sei ihm aber auch etwas anderes neu bewusst geworden – eine Beobachtung, die er schon in seiner Kindheit gemacht, aber zeitlebens zu verdrängen gesucht habe; eine Erkenntnis, die seine ideologischen Überzeugungen durcheinanderwirbele und überhaupt nicht zu seiner Weltanschauung passe: Als überzeugter Atheist, so Parris, müsse er den enormen Beitrag anerkennen, den die christliche Evangelisation in Afrika leiste. Dieser Beitrag gehe weit hinaus über alles, was säkulare Organisationen und Regierungsprojekte bewirken könnten: Das Christentum, so seine Beobachtung, verändere die Herzen der Menschen. «Es bringt eine spirituelle Transformation. Die Veränderung ist echt. Der Wandel nachhaltig.»

Das Christentum bringt eine spirituelle Transformation. Die Veränderung ist echt. Der Wandel nachhaltig.
Matthew Parris

Früher sei er dieser Tatsache aus dem Weg gegangen, so Parris, in der Meinung, der Glaube der Missionare sei lediglich Mittel zum Zweck, gute Werke zu tun – Krankenhäuser bauen, Schulen betreiben. Dann aber habe er erkannt, dass dieser Glaube in den Menschen viel mehr bewirkt: eine Erneuerung der Person von innen heraus, einen grundlegenden Wandel im Denken und Handeln. «Die Christen waren immer anders», schreibt er über Begegnungen mit Afrikanern, die gläubig geworden waren. «Ihr Glaube war nicht einschüchternd oder einschränkend, vielmehr schien er die Menschen wirklich zu befreien und zu entspannen. Er gab ihnen eine Lebendigkeit, eine Neugierde und eine Interaktion mit der Welt, die im traditionellen afrikanischen Leben zu fehlen schien ... Wann immer wir in ein Gebiet kamen, in dem Missionare wirkten, mussten wir feststellen, dass sich etwas in den Gesichtern der Menschen veränderte, etwas in ihren Augen, die Art, wie sie auf uns zugingen, von Mann zu Mann, ohne den Blick zu senken ...»

Auch dieses Mal, beim Besuch des Hilfsprojektes in Malawi, sei es wieder so gewesen. Matthew Parris berichtet von einigen der besten Mitarbeiter im afrikanischen Projektteam. Diese Leute sind Christen. Es wäre ihm zwar lieber, schreibt er, wenn der Fleiß dieser Leute, ihre Ehrlichkeit und der Optimismus mit ihrem Glauben nichts zu tun hätten; doch wisse er: «Was diese Menschen sind, entspringt der Weltsicht, die das Christentum sie lehrt.» Ihre Arbeit sei säkular, ihre Einstellung aber komme aus ihrem Glauben. Nur dieser Glaube, so Parris, habe die Kraft, die tief eingefahrenen Denk- und Verhaltensmuster aufzubrechen, die viele Menschen vor allem im ländlichen Afrika in Angst und Passivität zurückhalten. «Wer will, dass Afrika selbstbewusst im globalen Wettbewerb des 21. Jahrhunderts seinen Platz einnimmt, der sollte nicht glauben, dass allein die Bereitstellung materieller Güter oder des damit verbundenen Know-how den Wandel herbeiführen wird. Es braucht zuerst ein ganz neues

Überzeugungssystem.» Nähme man das Christentum aus Afrika weg, dann überließe man den Kontinent einer unheilvollen Allianz «aus Nike, Zauberdoktor, Smartphone und Machete». Sein markantes Fazit: «As an atheist, I truly believe Africa needs God – Ich bin Atheist, aber ich glaube wirklich, dass Afrika Gott braucht.»*[16]

Change-Management des Herzens

Das Statement von Matthew Parris muss man sich auf der Zunge zergehen lassen: ein Atheist, der glaubt, dass andere Gott brauchen – von dem er als Atheist ja annehmen müsste, dass er nicht existiert. Atheismus und Christentum, also zwei aufeinanderprallende Weltbilder, und ein Mann, der von Ersterem überzeugt ist und das Zweite trotzdem als notwendig erachtet ... Warum? Weil er sieht, dass dieser christliche Glaube zu etwas fähig ist, das nichts und niemand sonst vermag: Er kann das Herz verändern, das heißt, einen Menschen tiefgreifend erneuern.

Diese Erneuerung wiederum ist Ausgangsbasis für eine neue Art, Beziehungen zu gestalten, und eine neue Art zu leben und zu handeln. In unserem Drei-Kreise-Modell zielt das direkt ins Zentrum, in den innersten Kreis der Persönlichkeit; eine Erneuerung des inneren Kreises bewirkt nachhaltige Veränderung im mittleren und äußeren Kreis. Das ist hochrelevant.

Ich erinnere mich an den Manager, der mich fragte: «Was machen Sie mit einem Menschen, der fachlich brillant ist, aber charakterlich eine Katastrophe?» Anders formuliert: Wie gelingt uns das größte Change-Projekt der Geschichte, nämlich die Veränderung des Menschenherzens?

Meist setzen wir den Hebel außen an, kaum einmal innen. Keine Frage: Die Menschheit ist so weit wie nie. Wir sind brillant in Forschung und Technologie, fliegen Menschen zum Mond und bald auf den Mars, bauen selbstfahrende Autos und kassenlose Supermärkte – aber das Herz des Menschen ist «still the same»: wie eh und je labil und verletzlich, oft getrieben, hungrig nach Sinn und Erfüllung, in seiner Ungeheiltheit Ursache für eine Vielzahl von Konflikten.

What's wrong with the world? I am!
G. K. Chesterton

Der große englische Schriftsteller G. K. Chesterton wurde einmal von der Times um eine Stellungnahme gebeten zu der Frage: «What's wrong with the world? – Was ist faul an dieser Welt?» Seine Antwort war kurz und treffend: «*I* am! – Ich!»

Der Literatur-Nobelpreisträger Alexander Solschenizyn – in den letzten Monaten des Zweiten Weltkrieges wurde er wegen seiner Kritik an Stalin inhaftiert und verbrachte dann acht Jahre in sowjetischen Gefängnissen und Straflagern – Solschenizyn also erkannte, dass «die Linie, die das Gute vom Bösen trennt, nicht durch Staaten oder Gruppierungen oder politische Parteien verläuft, sondern mitten durch das Herz eines jeden Menschen».[*17] Das ist der Knackpunkt: der innerste Kreis, unser Herz. Wie kann es verändert werden? Wie kann *ich* verändert werden? Ist das, was Matthew Parris in Afrika erlebt, ein Lösungsweg auch für uns?

Mit seinen Beobachtungen berührt Parris einen Punkt, der für die Beurteilung eines jeden Glaubenskonzeptes von großer Bedeutung ist: Passt das, was jemand glaubt, mit der Realität zusammen und ist es im persönlichen Leben praktisch anwendbar und wirksam? Ob Atheismus oder Christentum, fernöstliche Religionen, Relativismus oder, wie im Humanismus, der Mensch als Maß aller Dinge – verschiedenste Religionen, Philosophien und Anschauungen werben um uns; wir sollten gründlich prüfen, wem wir Glauben schenken wollen.

Jeder glaubt

Manche Leute sagen, sie glaubten nicht. Das ist eine falsche Aussage – niemand kann leben, ohne zu glauben. Jeder von uns hat, bewusst oder unbewusst, ein persönliches Glaubenskonzept. Dieses Glaubenskonzept funktioniert wie eine innere Brille, durch die wir die Welt sehen: Es bestimmt nicht, *was* wir sehen, sondern, *wie* wir die Dinge sehen.

Unser Glaubenskonzept besteht aus unseren Überzeugungen, Annahmen und Theorien, die wir von der Welt im Allgemeinen haben, und von unserem Leben im Besonderen. Es liefert uns eine Hintergrund-Theorie für unsere Existenz, unsere Identität und unser Handeln; und es hat weitreichende Auswirkungen auf unser tägliches Leben: Warum bin ich auf dieser Welt? Woher beziehe ich Wert und Sinn? Was ist für mich ethisch vertretbar und wo ziehe ich Grenzen? Ist alles erlaubt, was möglich ist, oder gibt es doch Tabus, das eine oder andere No-Go? Gibt es für moralisches Verhalten objektive Maßstäbe oder ist alles subjektiv? Wie gehe ich um mit Geld, Sex und Macht? Welche Würde hat mein Nächster (Mitarbeiter, Kunde, Mitmensch), das heißt: Wie sehe ich den Menschen? Welche Werte sind mir wichtig? Wie definiere ich Erfolg?

All diese Fragen lassen sich nur beantworten auf Basis dessen, was wir glauben; in dieser Hinsicht sind Weltanschauungen und Religionen gleichzusetzen.

Aber bleiben wir bei Matthew Parris und seinem Spagat zwischen Atheismus und Christentum: Das Christentum ist ein Glaubenskonzept; anzunehmen, dass es einen Gott gibt, erfordert Glauben.*[18] Aber der Atheismus ist genauso ein Glaubenskonzept; anzunehmen, dass es Gott *nicht* gibt, erfordert ebenfalls Glauben. Egal, welchem Weltbild wir uns zuwenden, Glauben braucht es in jedem Fall.

Wissenschaftlich lassen sich diese Fragen jedenfalls nicht klären; es gibt hervorragende Wissenschaftler, die sich zum christlichen Glauben bekennen, und ebensolche, die sich zu ihrem atheistischen Glauben oder zu einer anderen Überzeugung bekennen. Die Welt unterteilt sich also nicht in Gläubige und Ungläubige, sondern jeder glaubt. Die Frage ist nicht, *ob* wir glauben, sondern *was*.

Moderne Götter

Jeder Mensch glaubt und jeder betet etwas an – wenn keinen Gott im religiösen Sinn, dann einen der vielen säkularen Götter. Was sind solche Götter? Vielleicht die Karriere, Geld und Statussymbole, Ansehen und Reputation, eine bestimmte Ideologie, der eigene Körper, andere

Menschen oder zumindest das Auto oder der Fußballverein. Martin Luther sagte einmal: «Woran du dein Herz hängst, das ist dein Gott.» Mit anderen Worten: Was Sie zu Ihrem Lebensinhalt machen, das ist Ihr Gott. Auf wen oder was Sie letztendlich vertrauen, das ist Ihr Gott. Worauf Sie Ihre Hoffnung setzen und wovon Sie sich Erfüllung erhoffen, das ist Ihr Gott.

Unser privater Gott lässt sich also leicht identifizieren durch folgende Fragen: Woran hängt mein Herz? Auf wen oder was vertraue ich? Wovon erhoffe ich mir Erfüllung? Was ist mein Lebensinhalt? – Die Frage ist ja nicht, *ob* wir glauben, sondern *was*. Nicht, *ob* wir anbeten, sondern *was*. Und ob unser Gott es wert ist, dass wir ihn anbeten: Kann er wirklich liefern, was wir uns von ihm versprechen?

Ringen um Wahrheit

Wir brauchen schlüssige Antworten auf die großen Fragen des Lebens:

- Woher kommen wir? (Die Frage nach dem Ursprung)
- Hat das Leben eine Bedeutung? (Die Frage nach dem Sinn)
- Wie sollen wir leben? (Die Frage nach der Moral)
- Wohin gehen wir? (Die Frage nach der Perspektive)

Jedes Weltbild liefert seine eigenen Antworten und es lohnt sich, diese Antworten nebeneinanderzustellen und sie miteinander zu vergleichen. Eines wird dabei klar: Nicht alle Wege führen nach Rom; das heißt: Nicht jedes Weltbild kann gleichzeitig wahr sein, die Antworten sind zu unterschiedlich.

Gehen wir ins Detail. Auf die Frage nach dem Ursprung antwortet das Christentum: Das Universum und der Mensch sind von Gott bewusst und gut geschaffen; das hat Konsequenzen bezüglich Wert und Würde – weil der Mensch von Gott geschaffen ist, ist das Leben wertvoll. Jeder Mensch hat eine besondere Würde, unabhängig von seiner Herkunft und seinem Leistungsvermögen.

Der Atheismus hingegen sagt: Universum und Mensch sind Ergebnis von Materie, Zeit und Zufall. Es gibt keine übergeordnete Idee, keinen größeren Kontext, alles ist rein zufällig und der Mensch ist, im Grunde genommen, ein hochentwickeltes Tier. – Wenn das Leben Zufall und der Mensch ein Tier ist, kommen wir zu einem ganz anderen Ergebnis, was Wert und Würde angeht.

Der Sinn des Lebens ergibt sich im Christentum aus der Tatsache, dass der Mensch von Gott kommt. Gott kennen und in einer Beziehung zu ihm leben, das erfüllt das Leben mit Sinn.

Der Atheismus sagt: Einen übergeordneten Sinn gibt es nicht. Die Frage nach dem Sinn verbietet sich von selbst. Wir sind alle nur kurze Funken in der Geschichte und sobald wir verglühen, ist es aus.

Zur Moral: Warum gibt der christliche Gott dem Menschen Gebote? Nicht, weil es ihm primär um Gehorsam ginge, sondern weil ihm das Wohlergehen seiner Geschöpfe am Herzen liegt; Gottes Gebote spiegeln sein, Gottes, eigenes, vollkommen gutes Wesen wider. Es geht nicht zuerst um das Einhalten moralischer Maßstäbe, sondern – siehe Matthew Parris – um eine Veränderung des Menschenherzens: Das Problem ist nicht «das Böse» da draußen, sondern die Verwerfungen *in mir*.

Der Atheismus tut sich schwer mit der Frage nach der Moral; so mancher Atheist bestreitet, dass es so etwas wie Moral überhaupt gebe (so Friedrich Nietzsche und Jean-Paul Sartre) – was, zu Ende gedacht, bedeuten würde, dass überhaupt nichts moralisch verwerflich wäre, auch nicht die Taten eines Hitler oder Stalin.

Wie sieht es aus mit der Frage nach der Perspektive, den Zukunftsaussichten? Der Atheismus ist klar: Tod, aus, Ende. Gleiches gilt für das Universum: Es ist ein Auslaufmodell. Ohne Perspektive. Ohne Zukunft.

Das Christentum zeichnet ein ganz anderes Bild: Es läuft hinaus auf eine Wiederherstellung der Schöpfung, auf Heilung und Gerechtigkeit, auf Versöhnung mit einem Gott, der nahbar ist.
Alles wird gut.

Ich möchte in der Wahrheit leben, nicht in der Lüge!

Wir vergleichen hier sehr rudimentär nur zwei Weltbilder; es gibt eine Vielzahl weiterer mit jeweils eigenen, sehr unterschiedlichen Antworten. Diese Weltbilder können nicht alle gleichzeitig wahr sein. Sie könnten sehr wohl alle falsch sein, aber dann müsste es eine andere Wahrheit geben. Ich persönlich bin für mich zu dem Schluss gekommen, dass das Christentum die überzeugendsten Antworten liefert auf meine großen Lebensfragen; nach Abwägung vieler Faktoren glaube ich, dass es wahr ist.

Das ist für mich wichtig. Ich möchte in der Wahrheit leben und nicht in der Lüge. Wenn ich zu der Überzeugung käme, dass das Christentum falsch ist, eine Lüge und nicht tragfähig, würde ich mich davon verabschieden. Der Schriftsteller und Literaturwissenschaftler C. S. Lewis (1898–1963) bringt es auf den Punkt: «Wenn das Christentum falsch ist, hat es keine Bedeutung. Wenn es aber wahr ist, hat es unendliche Bedeutung. Das eine, was es nicht haben kann, ist mäßige Bedeutung.» [*19]

Ich möchte Sie ermutigen: Stellen Sie Ihr persönliches Glaubenskonzept auf den Prüfstand und suchen Sie nach der Wahrheit! Welche Antworten haben Sie auf die Fragen nach dem Ursprung, dem Sinn, der Moral und der Perspektive? Sind diese Antworten schlüssig und befriedigen sie Sie sowohl intellektuell als auch emotional? Kann Ihr Weltbild Ihnen tatsächlich helfen, gut und erfolgreich zu leben? Welche Konsequenzen haben Ihre Grundüberzeugungen, wenn Sie diese zu Ende denken?

Was Sie glauben, ist nicht egal; die Auswirkungen sind zu elementar.

Zwischen Soll und Sein

Was Matthew Parris bei seinen afrikanischen Freunden an persönlicher Veränderung beobachtet, trifft ziemlich exakt das, was im Management gefordert wird. Nehmen wir die Leitbilder großer Unternehmen: Welche Werte werden propagiert, was für eine Art von Kultur angestrebt? Allen voran werden genannt: Integrität und Ehrlichkeit, Respekt und Wertschätzung, die Fähigkeit zur Innovation, das heißt, «out of the box» zu denken und neue Wege zu gehen; weiter Optimismus und Vertrauen, Engagement und Verantwortungsbereitschaft, Kundenorientierung und die Kunst, sich in die Bedürfnisse und Sichtweisen des Gegenübers hineinzuversetzen.

So weit, so gut. Das Problem: Von genau den Unternehmen und Organisationen, die sich diese hehren Werte auf die Fahnen schreiben, lesen wir immer wieder in der Wirtschaftspresse, aber leider oft in ganz anderem Zusammenhang – rund um Intransparenz, Korruption und Machtmissbrauch, Manipulation und Kartelle, Bestechungen und Schmiergelder, Lustreisen, Ansteigen der Burn-out-Erkrankungen, Unternehmenskulturen geprägt von Angst und Misstrauen etc. Zwischen Wunsch und Wirklichkeit, zwischen Soll und Ist, zwischen Schein und Sein klafft eine breite Lücke!

Meine These ist, dass diese Lücke begründet ist im inneren Kreis unseres Modells; wahrscheinlich würde mir jeder zustimmen, dass es eben mehr braucht als nur Fachkompetenz: Gefragt sind Persönlichkeiten, die von innen her gesund und reif sind, Frauen und Männer, die wissen, wofür sie stehen.

Nur in dem Maß, in dem wir innerlich über uns selbst herrschen, können wir in einer gesunden Weise auch nach außen «herrschen» (Autorität und Führung ausüben) und anderen dienen. Werte brauchen Wurzeln und sie müssen von innen nach außen gelebt werden, sonst bleiben sie hehre, aber leere Schlagwörter.

Der Anspruch an die Persönlichkeit einer Führungskraft ist also hoch. Im Harvard Business Review, Überschrift «The Most Important Leadership Competencies», nennt Sunnie Giles hohe ethische und moralische Standards als die wichtigste Qualität einer Führungskraft.*[20] Führungspersonen, die zu ihren Werten und Überzeugungen stehen, schaffen eine Kultur des Vertrauens und eine Atmosphäre, in der man sich sicher fühlen kann; und das führt dazu, dass Mitarbeiter kreativer arbeiten, innovativer und engagierter.*[21] Sunnie Giles nennt weitere wichtige Führungskompetenzen, so den Umgang mit Fehlern und die Fähigkeit, andere zu fördern und größer werden zu lassen, als man selber ist.

Vergebungskompetenz

Im Interview mit dem Magazin «Go» erzählt Managementberater Johannes Czwalina von einem Fall aus seiner Beratungspraxis: Der Vertriebsvorstand und der Finanzchef eines Dax-Unternehmens hatten sich zerstritten. Der Konflikt schwelte schon lange, lähmte die Firma und verursachte enorme Kosten. – Die allermeisten Konflikte, so Czwalina, haben einfache persönliche Hintergründe: Neid, Eifersucht, verletzte Eitelkeiten etc.; doch weil man sich dieser Trivialität schämt, werden Sachargumente vorgeschoben.

Auf die Frage «Wo und wie sind Sie durch den anderen verletzt worden?» packte der Finanzchef aus: «Über viele Jahre hinweg haben wir erfolgreich gearbeitet. Dann kamen Sie als neuer Vertriebsvorstand und meinten, alles Bisherige sei Mist. Das hat mich verletzt. Darum nahm ich mir vor, Ihnen zu zeigen, wo der Hammer hängt.» Nach einer Minute des Schweigens erhob sich der Vertriebsvorstand, wandte sich dem Finanzvorstand zu, reichte ihm die Hand und bat ihn um Vergebung für seine Arroganz. Der Finanzvorstand räusperte sich und antwortete: «Ich vergebe Ihnen.» So war innerhalb einer Stunde der Konflikt komplett gelöst – nachdem er zuvor über Jahre hinweg Millionen von Euro verbrannt hatte.[*22]

In einer Podiumsdiskussion zum Thema «Integrität, wirtschaftlicher Erfolg und das gute Leben» spricht Regina Aebi-Müller, eine der renommiertesten Rechtsprofessorinnen der Schweiz, über «Vergebungskompetenz» und betont deren hohe Relevanz. Natürlich gebe es Menschen, die nicht an Gott glauben und integrer seien als sie, so die Professorin. Aber sie betrachte es als Vorteil, dass sie nicht perfekt sein müsse; durch ihren Glauben habe sie die Möglichkeit, für ihre Fehler und Schwächen Vergebung zu erlangen. Dadurch könne sie besser zu ihren Fehlern stehen und müsse diese nicht verdrängen oder wegdrücken. Das, so Aebi-Müller, erleichtere ihr das Leben enorm![*23]

Einer der führenden Intellektuellen unserer Zeit, der kürzlich verstorbene Sir Roger Scruton, bezeichnete Einsicht und Vergebung als die maßgeblichen Eigenschaften, die unsere westliche Zivilisation überhaupt erst möglich gemacht hätten.[*24]

Das Konzept der Dankbarkeit

Zu den wichtigsten Fähigkeiten, den *Core Skills*, die unsere Wirksamkeit und Lebensqualität bedeutend steigern, gehört neben Vergebungskompetenz auch Dankbarkeit. Dankbarkeit könne unsere Stimmung sofort verbessern und Stress reduzieren, so Christopher Littlefield, der sich spezialisiert hat auf das Thema «Wertschätzung im Arbeitsumfeld». Dankbarkeit verschiebt unseren Fokus weg von dem, was wir nicht haben – Dinge oder Fähigkeiten –, hin zu dem, was wir haben.

Fast ein Jahrzehnt lang haben der weltweit führende Experte Robert Emmons und andere Wissenschaftler erforscht, wie sich Dankbarkeit auf Geist und Körper auswirkt. Das einhellige Ergebnis: Wer das Gefühl regelmäßig erlebt, ist gesünder und glücklicher. Zudem verbessert Dankbarkeit offenbar auch die Beziehungen zu anderen Menschen. Weitere Untersuchungen legen nahe, dass die Fähigkeit, Dankbarkeit zu verspüren, Einzelnen wie Teams hilft, herausfordernde Aufgaben trotz aller Rückschläge erfolgreich zu lösen.[*25]
Von Dankbarkeit profitieren alle drei Kreise: wir selbst, unsere Beziehungen und unsere Leistungsfähigkeit.

Damit wir dankbar sein können, brauchen wir allerdings ein personales Gegenüber. Einer Sache kann ich nicht dankbar sein; ich kann dankbar sein *für* einen Stuhl, aber nicht dem Stuhl selbst. Ich kann dankbar sein *für* einen guten Job, aber nicht dem Job selbst. Es braucht immer einen Geber, von dem ich das Gut empfange, für das ich dankbar bin. Dieser Geber muss das Gut aus freiem Willen geben, mit einer wohlwollenden Haltung und bedingungslos, das heißt ohne Vorbedingungen oder versteckte Absichten. Auf der Meta-Ebene stellt sich deshalb die Frage, wem gegenüber wir in letzter Instanz dankbar sein können. Welches Weltbild liefert den besten Rahmen für Dankbarkeit? Dasjenige, das die Realität personal interpretiert. Für eine kohärente Verankerung der Dankbarkeit bleibt bei einer Analyse der verfügbaren Weltbilder letztlich nur das jüdisch-christliche Narrativ übrig.[*26]

Unbestritten scheidet der Atheismus aus, denn er akzeptiert nur Materie und schließt einen übergeordneten Geber aus. Auch andere Religionen scheiden aus, weil deren Gotteskonzept entweder nicht personal interpretiert ist oder deren Gott nicht mit einer bedingungslos wohlwollenden Haltung gibt (die Gabe ist an bestimmte Bedingungen geknüpft, etwa an Gehorsam oder die Erfüllung bestimmter Gebote). Der christliche Glaube zeichnet ein Bild von Gott als einem guten Geber, der aus freiem Willen den Menschen bedingungslos beschenkt nur, weil er es so will – angefangen bei den universalen Rahmenbedingungen, damit Leben überhaupt möglich ist, bis hin zu den persönlichen Begabungen und Stärken eines jeden Einzelnen. Zu Ende gedacht, ist Dankbarkeit nur möglich, wenn es einen guten und allmächtigen Geber gibt.

«The best leaders are servant leaders»

Die besten Führungskräfte sind die, die dienen. Auf die Frage, wie sich die Führung von Menschen in den letzten Jahren gewandelt hat, antwortet Harvard-Ikone Bill George: Führung habe sich gewandelt von hierarchischer Führung (definiert durch die Position) hin zum Befähigen (engl. *empowerment*). Heute, so Bill George, habe eine Führungskraft Mitarbeiter voranzubringen und ihre Entwicklung zu fördern, sie zu coachen und ihnen Freiraum zu geben, damit sie ihr Potenzial ausschöpfen können. «Die besten Führungskräfte», so Bill George, «sind dienende Führungskräfte.»[*27]

Solch eine dienende Führungskraft über sich zu haben, das wünschen sich viele; aber selber eine dienende Führungskraft zu sein, ist gar nicht so einfach – anderen dienen kann man nur dann, wenn man frei ist von einer übermäßigen Selbstbezogenheit. Wem es an einem gesunden Selbstwertgefühl mangelt, der wird immer andere Menschen oder Dinge missbrauchen, um seine Sehnsucht nach Anerkennung und Wertschätzung zu stillen.

Das christliche Menschenbild macht deutlich, dass sich unser Wert nicht ableitet aus unserer Leistung oder Position, sondern aus der Tatsache, dass wir gut und wertvoll geschaffen sind. Wer diesen intrinsischen Wert für sich entdeckt, kann wesentlich freier und souveräner agieren – und das Wachstum anderer glaubhaft zu einem Ziel seines Handelns machen. Erst wenn wir selbst Wert und Würde entdeckt haben, Sinn und Orientierung, Vergebung und Klarheit, erst dann können wir das an andere weitergeben.

Moderne Leadership-Skills

Die Liste der Qualitäten, die heute von Führungskräften gefordert werden, lässt sich fortsetzen: Purpose – Sinn und Zweck (Warum und für wen existieren wir *als Unternehmen?* Noch wichtiger: Warum und für wen existieren wir *als Person?*), Nachhaltigkeit, Glaubwürdigkeit, Authentizität, Empathie und Resilienz, um nur einige zu nennen, alle diese Führungskompetenzen sind stark an die Persönlichkeit gekoppelt. Die Veränderungskraft des Glaubens, die Matthew Parris in Afrika entdeckt hat, kann uns helfen, diese Schlagwörter tatsächlich mit Leben zu füllen.

Von einer besonderen Form der Resilienz schreibt übrigens Thomas Mayer, Ökonom und früherer Chefvolkswirt der Deutschen Bank – es sei gut, an Gott zu glauben, so Mayer in einem Artikel für die FAZ:

> *Wer nur an das irdische Leben glaubt, lebt fragil. Denn wenn er es verliert, ist es für immer weg. Das erzeugt Verlustangst. Deshalb verdrängt man den Gedanken an den Tod, was aber auch nicht weiterhilft, denn irgendwann kann man dem nicht mehr entgehen. Wer dagegen an ein Leben nach dem Tod glaubt, kann sich mit der Aussicht auf ein zweites Leben trösten, wenn er das irdische verliert. Das macht ihn gegen Druck und Stöße robust.*[*28]

Als Business-Praktiker bringt Mayer hier ein pragmatisches Argument. In der Gesamtschau stellt sich die Frage: Kann der christliche Glaube jemanden wirklich zur besseren Führungskraft machen? Ich glaube, ja. Das ist aber kein *Grund* für diesen Glauben, sondern nur eine seiner Auswirkungen.

Gut ohne Gott?

Noch ein Gedanke zu all den großartigen Werten in den Leitbildern der Unternehmen: Ich denke, wir sind uns darin einig, dass diese Werte grundsätzlich erstrebenswert sind. Fragen Sie sich einfach selbst, mit wem Sie lieber zu tun haben: mit einem Gegenüber, das ehrlich ist, oder mit jemandem, der Sie belügt? Mit einer Person, die zu ihrem Wort steht, oder mit jemandem, der Zusagen nicht einhält? Bevorzugen Sie einen Chef, der Sie wohlwollend fördert, oder einen Vorgesetzten, der Sie manipuliert und zu seinem eigenen Vorteil ausnutzt? Arbeiten Sie lieber in einem Umfeld, das von Vertrauen und Ermutigung geprägt ist, oder unter Angst und Druck? Leben Sie lieber in einem freien und gerechten System oder in einem korrupten? Die Antworten liegen auf der Hand: Wir wissen instinktiv, was gut und richtig ist. Das Problem liegt weniger in der Theorie als vielmehr in der Praxis der menschlichen Natur. Aber ich gehe noch einen Schritt weiter:

Warum sollen wir diese Werte überhaupt leben? Nur weil sie für uns von Vorteil sind? Was, wenn der korrupte Weg zu schnelleren und besseren Ergebnissen führt? Wenn Nützlichkeit das Hauptkriterium ist, wird unser Verhalten ziemlich oft rücksichtslos sein. Doch was wäre daran falsch? Wer legt fest, was gut und schlecht, richtig und verkehrt ist? Dem wollen wir jetzt nachgehen; diese Überlegungen laufen hinaus auf eine Grundsatzfrage: Können wir gut sein ohne Gott?

Keine Frage: Viele Menschen leben ein moralisch gutes Leben, auch ohne an Gott zu glauben – siehe das Statement von Prof. Aebi-Müller, natürlich gebe es Menschen, die nicht an Gott glaubten und integrer seien als sie. Die Bibel selbst macht das deutlich; von Abraham, als Stammvater des Volkes Israel eine sehr prominente und geehrte Figur, wird in seinen Begegnungen mit dem ägyptischen Pharao und dem Philisterkönig Abimelech eine gravierende Charakterschwäche geschildert: Aus Angst um seine eigene Haut verleugnete er seine Ehefrau zweimal und riskierte, dass sie im Harem des Landesherrn verschwand – als die Könige die Wahrheit erfuhren, waren sie empört und heilfroh, dass sie sie noch nicht berührt hatten![*29] Mit anderen Worten: Die Moral der gottlosen Herrscher war respektabler als die des Gottesmannes. Es ist also möglich, ein moralisch gutes Leben zu führen unabhängig von der persönlichen Glaubensüberzeugung; doch darum geht es hier nicht. Die Frage ist nicht, ob der Mensch gut sein kann ohne einen *Glauben* an Gott, sondern: Kann der Mensch gut sein *ohne Gott*?

Damit habe ich ein großes Fass aufgemacht: Woher kommen unsere Werte? Was ist der Maßstab für Gut und Böse, Richtig und Falsch? Woran messen wir Moral? Ist sie sozial konstruiert, d. h. abhängig vom jeweiligen gesellschaftlichen und kulturellen Umfeld? Ist sie lediglich Ausdruck unserer persönlichen Präferenzen und damit völlig subjektiv, so wie dem einen Vanilleeis schmeckt und dem anderen Schokoladeneis? Oder gibt es objektive, d. h. allgemein gültige moralische Werte und Pflichten – und wenn ja, auf welcher Grundlage?

Hier meine Argumentation: Wenn Gott nicht existiert, gibt es auch keine objektiven moralischen Werte und Pflichten; ohne übergeordneten Referenzpunkt fehlt der Maßstab, an dem wir «Gut» und «Richtig» ermitteln könnten. Dann wäre alles relativ: gut für dich, aber nicht für mich; für dich richtig, für mich nicht. Somit bliebe nur die persönliche Sichtweise – eine subjektive Moral, die für den einen gilt, für den anderen aber nicht. Wenn der Atheismus wahr ist, gibt es für eine objektive moralische Bewertung keine Grundlage; dann ist nichts moralisch verwerflich, nicht Korruption und Betrug, nicht Diskriminierung und Gewalt, auch nicht der Missbrauch von Kindern oder die Unterdrückung der Schwachen. Frei nach dem atheistischen Vordenker Richard Dawkins: «In einer Welt ohne Gott gibt es kein Gut und Böse. Nichts als blinde, erbarmungslose Gleichgültigkeit.»[*30] Doch wollen wir so leben?

Die Realität ist glücklicherweise eine andere: Wir wissen, dass es objektive moralische Werte und Pflichten gibt. Auf die eingangs erwähnten Fragen, wie und mit wem wir arbeiten möchten, gibt jeder dieselben Antworten; und die in den Leitbildern geforderten Werte wiederholen sich in praktisch jedem Unternehmen. Wie unsere Sinnesorgane uns die natürliche, physische Welt wahrnehmen lassen, so macht unser Gewissen deutlich, dass es eine moralische Ordnung gibt. Beides, die physische Welt und die moralische Ordnung, spiegelt das Wesen des Schöpfers wider und seine vollkommene Natur – und die zeigt sich nicht zuletzt in seinen Geboten. Ja, wir können gut sein, ohne an Gott zu glauben; aber wir können nicht gut sein ohne Gott, denn alles Gute kommt von ihm. Die Sehnsucht des Menschen nach dem Guten und Richtigen ist ein starker Hinweis auf ihn.

Fazit: Sie führen vor allem mit dem, wer Sie sind und was Sie – bewusst oder unbewusst – glauben. Ideen und Glaubenssätze haben Konsequenzen. Ihr Weltbild bestimmt in einem hohen Maß, wie Sie leben und zu welchen Ergebnissen Sie kommen; deshalb lohnt es sich, das eigene Glaubenskonzept auf den Prüfstand zu stellen. Die Wirkung geht von innen aus: Ihre Persönlichkeit beeinflusst Beziehungen und Beruf.

Welche Schritte können Sie nun gehen, um alle drei Ebenen zu berücksichtigen und ganzen Erfolg zu erreichen? Das wollen wir jetzt ergründen.

III. Lebenskompetenz: Ein gutes Leben führen

Nur wenige Führungskräfte sehen ein,
dass sie letztlich nur
eine einzige Person führen können und auch müssen.
Diese Person sind sie selbst.

Peter Drucker

Willkommen im Chaos

Bereit für eine kleine Zeitreise? Dann gehen wir viele Jahrtausende zurück an den Anfang der Geschichte. Die Umstände damals waren chaotisch – sie weniger drastisch zu schildern wäre eine glatte Untertreibung. Der Geschichtsschreiber wird später einmal den hebräischen Begriff *tohuwabohu* verwenden, am besten zu übersetzen mit «heilloses Durcheinander»: Nirgends gab es geordnete Abläufe oder Strukturen, überall nur Wirrwarr, Dunkelheit und Leere. Um es auf den Punkt zu bringen: Das Chaos war perfekt!

Dann aber geschieht etwas Faszinierendes: Eine ordnende Kraft taucht auf und beginnt, Einfluss zu nehmen und die Umstände zu verändern. Allmählich weicht der Nebel der Verwirrung einem wärmenden Licht, das dringt bis in die letzten Winkel vor und erhellt alles. Klarheit gewinnt die Oberhand, es entstehen Strukturen.

Offensichtlich geschieht das Ganze nicht als Schnellschuss, sondern ist wohldurchdacht und von einer höheren Macht gesteuert. Schritt für Schritt wird Ordnung geschaffen und das Chaos beseitigt. Wo vorher lebensfeindliche Umstände herrschten, entwickelt sich eine Atmosphäre des Wachstums.

Nachdem der Rahmen stimmt und der Boden bereitet ist, sprießt neues Leben auf. Die Schönheit dessen, was jetzt ans Licht kommt, ist kaum in Worte zu fassen! Eine Fülle an Leben, Überfluss an allen Ecken und Enden … Wer hätte gedacht, dass aus einem solchen Wirrsal etwas so Großartiges entstehen kann?

Schließlich der Mensch, als Höhepunkt der Schöpfung in einen prächtigen Garten positioniert – mit dem Auftrag, darin genau das Gleiche zu tun: für gesunde Strukturen zu sorgen, für gutes Management, Wachstum und Veränderung zum Guten.

Die Dinge zu Anfang denken

Die meiste Zeit gehe dadurch verloren, sagte Alfred Herrhausen (1930–1989) einmal, dass man die Dinge nicht zu Ende denke. Er hat recht. Mindestens genauso wichtig aber ist es, dass wir die Dinge *zu Anfang* denken: Woher kommen wir, warum sind wir hier und was ist unser Auftrag?

Die Schöpfungserzählung im Buch Genesis berichtet davon, dass am Anfang der Zeit Chaos herrschte und dann sukzessive geordnet wurde zu einem Kontext aus einer unglaublichen Vielzahl von genau aufeinander abgestimmten Parametern, der unsere Existenz überhaupt erst möglich macht.

In dieses Wunderwerk Universum sind wir positioniert mit einer Aufgabenbeschreibung, die ich «Schöpfungsauftrag» nenne. Das biblische Bild vom Garten, in den der Mensch gesetzt wurde, lässt sich auf uns übertragen; wir Menschen haben den Auftrag, die uns zur Verfügung stehenden Ressourcen verantwortungsbewusst zu nutzen und unseren «Garten», das heißt unsere Verantwortungsbereiche, gut zu entwickeln und zu gestalten.

Wie damals ist auch heute unser Platz oft im Chaos und unser Job ist es, für Verbesserung zu sorgen. Das verlangt von uns proaktives Handeln. Denn was ist das Einzige, das in einem Garten automatisch wächst, ohne dass man es gesät hat und pflegt? Richtig: Unkraut.

Übrigens: Das hebräische Wort für Eden bedeutet «Land der Glückseligkeit». Die Idee dahinter ist, dass unser persönlicher Garten, das heißt unser ganzes Leben mit all seinen Bereichen, uns beglücken und begeistern soll. Klingt das ambitioniert? Dann ist es ein guter Standard; denn mit Durchschnitt sollten wir uns nicht zufriedengeben, weder im Job noch im Privatleben.

Jeder Einsatz beginnt mit einer Chaos-Phase

Zurück zu unserem Feuerwehr-Einsatz: Auch dort stehen wir zunächst vor einer Chaos-Situation. Wann immer wir alarmiert werden, herrscht irgendwo Chaos; unser Auftrag ist es, dieses Chaos zu beseitigen und den gesunden Zustand schnell wiederherzustellen. Ein Grundsatz in der Ausbildung lautet deshalb: Jeder Einsatz beginnt mit einer Chaos-Phase und die Kunst ist, die Chaos-Phase so kurz wie möglich zu halten.

Im Beruf wie im Privatleben ist es ähnlich: Oft ist man in einer Chaos-Situation und die Kunst ist, diese so kurz wie möglich zu halten. Mit anderen Worten: Nicht das Chaos ist das Problem; schwierig wird es dann, wenn man seinen Führungsauftrag nicht wahrnimmt, sondern passiv bleibt.

Fragen Sie sich: Passe ich die Wirklichkeit dem Ideal an oder das Ideal der Wirklichkeit? Arbeite ich zielorientiert an meinen Lebensbereichen, um meine Vorstellungen vom Leben (mein Ideal) zu verwirklichen – in der Karriere, in meinen Beziehungen und für mich selbst; oder verzichte ich auf meine Ideale und ergebe mich den Umständen, die vermeintlich sowieso nicht verändert werden können? – Von der Antwort hängt ab, wie Ihr Garten sich entwickelt.

Von nichts kommt nichts

Hervorragende Unternehmen entstehen nicht einfach so; sie sind Resultat harter Arbeit. Es braucht eine gute Strategie und konsequente Umsetzung; das Management und die Mitarbeiter müssen handeln.

«Von nichts kommt nichts» – wenn das im Business gilt, dann auch in jedem anderen Bereich. Eine exzellente Ehe, eine wohlwollende und ermutigende Familienkultur, eine gesunde Ganzheitlichkeit («work» und «life» nicht als Gegensätze, die zueinander im Wettbewerb stehen, sondern Arbeit als wichtiger Teil des Lebens und eingebettet in ein größeres Bild, in eine Vision) – all das entsteht nicht zufällig, sondern ist Ergebnis von guter Führung und eigenverantwortlichem Handeln. Sie müssen aktiv werden!

Bedeutet das jetzt noch mehr Leistungsdruck und noch mehr To-dos in Ihrer ohnehin schon prall gefüllten Agenda? Nein, sondern es soll Sie ermutigen, den Führungsauftrag für Ihr ganzes Leben bewusst anzunehmen; denn wenn Sie nicht führen, werden Sie geführt. Wenn Sie nicht leben, werden Sie gelebt. Wenn nicht Sie die Rahmenbedingungen setzen, werden diese für Sie gesetzt. Der Ball ist bei Ihnen.

Alles beginnt mit einer Entscheidung: Treten Sie an, um Ihren eigenen, persönlichen Garten zu kultivieren und zum Blühen zu bringen.

Es geht ums Ganze

Den Führungsauftrag annehmen heißt:

- Sie treffen eine klare Entscheidung:
  «Ich entscheide mich, meinen Führungsauftrag für mich und mein ganzes Leben bewusst anzunehmen. Ich übernehme Verantwortung; ich stelle mich den Herausforderungen und verändere diese zum Besseren.»
  Entscheidungen bringen einen in die Offensive; eine Entscheidung ist der erste Schritt zur Veränderung – man tritt aus der Passivität hinein in das bewusste Handeln und Gestalten.
  Das bedeutet:
- Sie hören auf, andere für Ihre Situation verantwortlich zu machen. Ihr Leben heute ist das Ergebnis der Entscheidungen, die Sie früher getroffen haben. Ihr Leben morgen wird bestimmt von dem, wie Sie heute entscheiden und handeln.
  Sie haben das Steuer in der Hand.
  Jetzt kommen die drei Ebenen Beruf, Beziehungen und Persönlichkeit auf den Prüfstand:
- Wie beurteilen Sie Ihren «ganzheitlichen Lebenserfolg» anhand der drei Kreise?
- Wo herrscht Chaos, d. h., wo besteht Handlungsbedarf?
- Was wollen Sie konkret verändern?

Unser Problem ist nicht zu wenig Zeit, sondern zu wenig Klarheit!

Der Mann, der mir im Coaching gegenübersitzt, ist ein super Typ – hervorragend ausgebildet, erfolgreich im Beruf, eigene Firma und in seiner Branche top-positioniert. Auch die private Seite kann sich sehen lassen: glücklich verheiratet mit einer beneidenswerten Frau, die Kinder bereits erwachsen und ebenfalls auf gutem Weg.

Er ist Anfang 50 und in einer komfortablen Situation, die Grenze von der beruflichen Pflicht zur Kür hat er mit Bravour überschritten. Alles bestens also. Eigentlich ... Wenn da nicht dieses diffuse Unbehagen wäre, ein tief im Inneren nagendes Gefühl, zwar erfolgreich zu sein, aber nicht wirklich glücklich.

Den Mann bewegen gute Fragen: Soll ich die nächsten Jahre so weitermachen wie gehabt? Was ist bisher zu kurz gekommen? Das, was ich täglich tue – entspricht das wirklich dem, wofür mein Herz schlägt? Im Coaching sollte ich ihm helfen, «seinen Platz» zu finden; er habe das Gefühl, trotz allen Erfolges noch nicht wirklich angekommen zu sein. Er würde gerne aus dem Hamsterrad des täglichen Drucks aussteigen und mehr für das leben, was ihn wirklich begeistert.

Auf meine Frage, was denn sein größtes Problem sei, kommt die Antwort wie aus der Pistole geschossen: Keine Zeit! Das Gefühl, getrieben zu werden, nur noch zu reagieren statt zu agieren. Er sieht sich als Gefangenen des eigenen Erfolgs; dazu komme, dass er nicht «Nein!» sagen könne und so würden viele ihn vereinnahmen; er schaffe es nicht, gesunde Grenzen zu setzen – was sein Zeit-Problem natürlich noch verschärfe.

So sitzt er mir gegenüber, gespannt auf Lösungsschritte, die ich ihm nun nennen soll …

Das Problem hinter dem Problem

Wenn ich in Vorträgen frage, wer von den Anwesenden unter «zu wenig Zeit» leide, heben fast alle die Hand. Ich sage dann das, was ich auch dem Klienten im Coaching gesagt habe: Das Problem ist nicht «zu wenig Zeit», sondern zu wenig Klarheit! Oft ist nicht geklärt, was man überhaupt will oder wo genau das Problem liegt: Was ist Ihnen wirklich wichtig? Wofür schlägt Ihr Herz? Warum tun Sie, was Sie tun? Wofür geben Sie täglich Ihre Zeit und Kraft? Können Sie damit die gewünschte Wirkung erzielen?

Falls Sie Veränderungsbedarf erkennen: Was genau wollen Sie verändern? Warum wollen Sie das verändern? Was soll nachher anders sein, d. h., wie soll Ihr Leben dann aussehen?

Fehlende Klarheit führt zur Verzettelung – und dann lässt man sich vereinnahmen von allem Möglichen und das Ergebnis ist, unter anderem, Zeitmangel. Es geht also darum, «das Problem hinter dem Problem» zu erkennen; nur dann wird nachhaltige Veränderung möglich.

Einige Beispiele:

- Das vordergründige Problem ist oft «Keine Zeit»; das eigentliche Problem ist «Keine Klarheit».
- vordergründiges Problem: Nicht «Nein» sagen können; das eigentliche Problem könnte sein, dass man anderer Leute Erwartungen nicht enttäuschen will
- vordergründiges Problem: fehlende Work-Life-Balance; eigentliches Problem: persönliche Prägungen und Treiber, die anfällig machen für Übergriffigkeit im Job

Eine gute Analyse ermöglicht Ihnen, den Hebel an der richtigen Stelle anzusetzen.

Zeit vermehren geht nicht, aber man kann sie besser nutzen

Im Coaching sind der arrivierte Unternehmer und ich an genau diese Fragen herangegangen. Nachdem wir geklärt hatten, was dem Coachee wichtig ist, welche Schwerpunkte er setzen möchte und woher bestimmte Prägungen kommen, die sein Handeln bestimmen, konnten wir Handlungsfelder definieren.

Jetzt kann er an konkreten Stellschrauben drehen, zum Beispiel an der Struktur seines Tagesablaufs, am Delegieren an Mitarbeiter, er kann sich Zeitfenster reservieren für Sport und Weiterbildung, bewusst das Wort «Nein» einsetzen, sich Kapazitäten freihalten für die Entwicklung neuer Themen und Tätigkeiten und so weiter. Damit schafft er Freiräume für das, was ihm wichtig ist, bisher aber zu kurz kommt. Auf diese Weise passt er die Wirklichkeit dem Ideal an, statt dem Ideal als einer unerfüllten Sehnsucht nachzutrauern.

Zuerst kommt die Analyse, dann der Lösungsweg. Nachdenken führt zu Klarheit, Klarheit führt zu fokussiertem Handeln, Handeln führt zur gewünschten Veränderung. Die verfügbare Zeit wird nicht mehr (oder weniger), sie wird einfach *besser genutzt.*

Nachdenken führt zu Klarheit,
Klarheit führt zu fokussiertem Handeln,
Handeln führt zur gewünschten Veränderung.

Konzentration auf das Kerngeschäft

Im Business gilt «Konzentration auf das Kerngeschäft» als wichtiger Erfolgsfaktor. Was ist in Ihrem Leben das Kerngeschäft?
Anders formuliert:

- Was sind die zentralen Lebensbereiche, die Sie unbedingt im Blick behalten wollen?
- Wer sind die wichtigsten «Stakeholder» (Anteilseigner), das heißt die Menschen, die Ihnen am nächsten stehen und die in Ihrem Leben eine zentrale Rolle spielen?

- Welche Aufgaben und Jobs gehören zu Ihnen – und welche nicht?
- Können Sie in Ihrer Tätigkeit die gewünschte Wirkung erzielen?
- Was bringt Sie wirklich weiter?

Und, ganz wichtig:

- Welche Aktivitäten sollten Sie einstellen, weil sie Zeit und Kraft kosten und dabei wollen Sie sie doch gar nicht wirklich?

Anhand dieser Fragen können Sie Ihr Lebens-Portfolio auf den Prüfstand stellen und bereinigen; das hilft Ihnen, Ihre begrenzten Ressourcen möglichst zielführend zu investieren. Es bringt Sie aus dem Opfer-Modus heraus und hinein in die Gestalter-Rolle.

«Ich habe keine Zeit» heißt «Ich bin Opfer» («Ich bin den Umständen ausgeliefert und kann an meiner Situation nichts ändern»). Hingegen «Ich entscheide, wofür ich mir Zeit nehme» macht mich zum Gestalter. Es gilt der alte Grundsatz: Zeit hat man nicht, Zeit nimmt man sich. Nehmen Sie Ihre Zeit am besten für das, was wirklich wichtig ist.

Warum Change-Projekte scheitern

Drei Viertel aller Change-Projekte scheitern; dabei sollte es für Unternehmen ein Teil vom «kleinen Einmaleins» sein, Veränderungsprozesse durchzuführen.

Warum gelingen diese dennoch so selten? Dieser Frage ist der «Harvard Business manager» nachgegangen.*[31] Die Antwort: Oft werden im Vorfeld grundsätzliche Fehleinschätzungen vorgenommen. Manager neigen zu überhasteten Entscheidungen, vor allem dann, wenn das Umfeld komplex und das Tempo hoch ist; dadurch führen sie das ganze Projekt in eine falsche Richtung.

Erkenntnis:

Die erste Frage sollte nicht sein, *wie* der Wandel vonstattengehen soll, sondern danach, *was* überhaupt verändert werden muss und *warum*. Oft glaubt man ja, das Scheitern von Veränderungsprozessen liege an fehlerhafter oder nicht konsequenter Umsetzung; das ist aber nur eine Seite der Medaille – Fehleinschätzungen im Vorfeld, das heißt eine nicht oder nur unzureichend vorgenommene Analyse, sind mindestens genauso dafür verantwortlich. Das zeigen Leadership-Professor Anand Narasimhan von der Wirtschaftshochschule IMD in Lausanne und sein Kollege Jean-Louis Barsoux auf in ihrem Artikel «Warum Change-Management scheitert».*[32] In einer mehrjährigen Studie haben beide eine Vielzahl von Change-Projekten untersucht und zeigen nun, wie wichtig eine gute Analyse ist; Fazit: Nicht die Umsetzung ist das Problem, sondern die Vorbereitung.

Ihre Empfehlung: Bevor Manager sich Gedanken machen darüber, *wie* eine Transformation abläuft, müssen sie sich erst einmal darüber klarwerden, *was genau* verändert werden soll – und vor allem: *was zuerst*. Denn zu viel auf einmal verändern zu wollen, das funktioniert nicht.

Am Anfang steht immer die klare Analyse, das heißt ein gründliches Überlegen.

Es geht ums Ganze

Wie im Business gibt es auch im Privatleben oft mehrere Change-Projekte gleichzeitig. Es seien kleine Anpassungen im Lebensstil (z. B. mehr Zeit für Sport oder Hobbys) oder ein grundsätzlicher Neuentwurf des Lebenskonzepts: Damit die gewünschte Veränderung gelingt, muss Ihr Handeln gut durchdacht sein.

1. Klare Analyse

Veränderung steht und fällt mit einer klaren Bestandsaufnahme – Sie stellen sich der Realität und schauen der Wahrheit ins Auge: Wie sieht es aus in meinen Lebensbereichen? Bin ich zufrieden oder gibt es Veränderungsbedarf? Was will ich verändern und warum? Was sagen die wichtigsten «Stakeholder» (Ehepartner, Kinder, Freunde)?

Die beste Umsetzung bringt nichts, wenn das Ziel das falsche oder unklar ist.

2. Schritte festlegen

Was kann ich tun, damit die gewünschte Veränderung realisiert wird? Wo habe ich Handlungsspielraum, wo nicht? Welche Schritte gehe ich?

Wichtig sind klare Entscheidungen («Ich beschließe, das *jetzt* zu tun!») und kleine Siege – und jeder kleine Sieg ist ein Erfolg! Eine der Transformationsfallen in Unternehmen ist, dass zu viele Aufgaben gleichzeitig in Angriff genommen werden.

Besser Schritt für Schritt in die richtige Richtung, als zu viel auf einmal anpacken zu wollen.

3. Dranbleiben

Mein Mentor in Afrika sagte: Die schwierigste Phase eines jeden Prozesses ist die Mitte. Oft beginnen wir voller Enthusiasmus, aber dann kommen die Mühen der Ebene – oder es scheint schon wieder besser zu laufen – und wir geben auf.

Bleiben Sie dran! Hilfreich sind regelmäßige Check-ups, um Ist- und Soll-Zustand zu vergleichen; bei Bedarf können Sie nachjustieren.

Erst denken, dann handeln

**Sie müssen sich in Ihrem Leben
Zeit zum Nachdenken nehmen. [...]
Wenn Sie Ihre Zeit mit Dingen füllen,
die Ihnen keine Zeit lassen,
sich zurückzulehnen und nachzudenken,
dann wird Sie das eines Tages einholen.**

Roger Martin

Roger Martin ist einer der einflussreichsten Managementdenker unserer Zeit. Im Interview mit dem «Harvard Business manager» spricht er über die Kunst, gute Entscheidungen zu treffen. Mitten im Gespräch stellt ihm der Redakteur eine Frage, die alles auf den Punkt bringt: «Herr Martin, wenn Sie einer Führungskraft nur *einen* Rat geben sollten, wie würde dieser lauten?» Spannung liegt in der Luft. Antwort Martin: «Sie müssen sich in Ihrem Leben Zeit zum Nachdenken nehmen!» Wörtlich:

> *Sie müssen sich in Ihrem Leben Zeit zum Nachdenken nehmen. Die moderne Unternehmenswelt ist dafür gemacht, Sie ständig beschäftigt zu halten – Meetings von Sonnenaufgang bis Sonnenuntergang. Ein CEO, den ich beraten habe, war einer der am härtesten arbeitenden Manager, die ich je erlebt habe. In seinem Kalender waren von morgens bis abends Meetings eingetragen – Meetings, Meetings und noch mehr Meetings. Das Problem war: Sein Unternehmen brauchte eine neue Strategie. Das Board, die Shareholder, alle forderten eine neue Strategie; doch dieser CEO entschuldigte sich immer wieder, dass er zwischen den Meetings einfach keine Zeit finde. Irgendwann werde er dazu kommen, sich um die Strategie zu kümmern. Irgend-*

wann sagte das Board: Du bist gefeuert! Andere CEOs, die ich kenne, nehmen sich die nötige Zeit für solche Aufgaben. Sie sind erfolgreich, obwohl sie nicht so hart arbeiten. Dieser CEO dachte einfach überhaupt nicht nach, er arbeitete ab. Wenn Sie Ihre Zeit mit Dingen füllen, die Ihnen keine Zeit lassen, sich zurückzulehnen und nachzudenken, dann wird Sie das eines Tages einholen.[*33]

Wir sind in Gefahr!

Wie dieser CEO, von dem Roger Martin sprach, bewegt sich jeder im Spannungsfeld zwischen Ausführung und Ausrichtung, zwischen operativen Aufgaben und der Festlegung einer Strategie (wobei die Reihenfolge umgekehrt sein sollte: erst die Strategie, dann die Aufgabe). Es besteht die Gefahr, dass das Tagesgeschäft einen so sehr vereinnahmt, dass für die Strategie keine Zeit mehr bleibt.

Michael E. Porter, Strategie-Guru und Leiter des Institute for Strategy and Competitiveness an der Harvard Business School, bringt das auf den Punkt: Die Wurzel des Problems sei die Unfähigkeit, klar zu unterscheiden zwischen exzellenter Arbeit einerseits und Strategie andererseits. Das Streben danach, die operative Exzellenz zu steigern (z. B. Produktivität, Qualität, Schnelligkeit), habe den Platz eingenommen, der eigentlich der Strategie gehöre.[*34] Anders formuliert: Oft arbeiten wir daran, uns zu optimieren, also unsere operative Exzellenz zu verbessern (siehe die Tausende von «Getting Things Done»-Apps und Selbstoptimierungs-Ratgebern), versäumen es aber, uns der Strategie zu widmen, also den Grundsatzfragen und einer klaren Analyse.

Was wir wirklich brauchen, sind nicht noch mehr Apps und Selbstmanagement-Tools, sondern mehr Zeit zum Denken. Der Schritt von «hart arbeiten» zu «erfolgreich leben» geschieht in unserem Kopf und hat viel zu tun mit Nachdenken und Reflexion.

Das Dilemma der Selbstoptimierung

Schon die Überschrift des Artikels von Oliver Burkeman hat jede Menge Sprengkraft: «Why time management is ruining our lives – Warum Zeitmanagement unser Leben ruiniert».*[35] Burkeman skizziert darin die Entwicklung der modernen Produktivitäts-Bewegung – und schlachtet eine heilige Kuh, der heute viele huldigen: Das weit verbreitete Dogma, möglichst produktiv zu sein und aus seiner Zeit das Maximum herauszuholen, führe in die Irre.

Dafür nennt Burkeman drei Gründe: Erstens wurzele dieses Dogma in einem falschen Motiv; es betrachte Menschen als Maschinen und versuche, aus ihnen so viel wie möglich herauszuquetschen. Zweitens bewirkten viele der Zeitmanagement- und Produktivitäts-Techniken genau das Gegenteil von dem, was sie suggerierten; man gewinne nicht mehr Freiraum, sondern gerate noch mehr unter Druck. Drittens: Der eigentliche Treiber, warum wir überhaupt so produktiv sein wollen, könnte in einem verborgenen inneren Mangel liegen – einem Mangel an Selbstwertbewusstsein und Selbstgenügsamkeit («Identität»).

Die Kernfrage dazu lautet: Leiste ich, *damit* ich wertvoll bin, oder leiste ich, *weil* ich wertvoll bin? Der Unterschied ist groß: Wer leistet, um wertvoll zu sein (sich wertvoll zu fühlen), bezieht seinen Wert und seine Daseinsberechtigung aus seiner Leistung, aus dem Nutzen, den er erbringt. Wenn man sich ordentlich anstrengt, funktioniert das – vorübergehend. Was aber, wenn man älter wird oder krank, wenn der Job weg oder das Rentenalter erreicht ist? Wer hingegen leistet, weil er sich als wertvoll erkennt, bei dem ist die Basis seines Handelns und Wirkens ein gesundes Selbstwertbewusstsein und das Wissen, wer er ist («Identität») – diese Menschen leisten, sie können etwas leisten und sie tun das gerne, *weil* sie wertvoll sind. Das ist gesünder und es macht uns unabhängiger von äußeren Anreizen.

Kreativität kostet etwas

Dazu kommt, dass der Produktivitäts-Druck sich nicht beschränkt auf die Arbeitswelt, sondern alle Lebensbereiche erfasst: Wenn wir reisen, freuen wir uns nicht am Weg, sondern haben nur das Ziel im Blick (und vielleicht den Instagram-Account, der ständig mit neuen Highlights gefüttert werden muss). Wir machen Sport, um stark zu werden, um gesund zu sein, um zu siegen («Performance»), und nicht aus Spaß an der Bewegung. Wir lesen, um uns Wissen anzueignen, und nicht, um in eine andere Welt einzutauchen. Wir treffen uns mit Menschen, um nützliche Kontakte zu generieren (Stichwort «Networking»), und nicht, weil wir die Begegnung mit dem anderen schätzen würden. Wir spielen mit unseren Kindern, weil es halt sein muss, und nicht, weil wir uns bewusst Zeit nähmen für die, die uns am meisten brauchen, und weil es gut wäre, als Familie zusammen zu sein.

Was geht uns verloren? Die Fähigkeit, im Hier und Jetzt zu leben. Das Genießen des Augenblicks. Und nicht nur das; im Endeffekt verlieren wir genau das, was wir zu gewinnen hoffen: Wirksamkeit. Burkeman zitiert in seinem Artikel Tom DeMarco, einen renommierten Projektmanagement-Experten und Legende auf dem Gebiet der Softwaretechnik: «Die besten Firmen, die ich in all den Jahren besuchte, waren nie unter Zeitdruck. Denn Kreativität bekommst du nicht umsonst. Die Leute müssen in der Lage sein, sich zurückzulehnen, die Füße hochzulegen und nachzudenken ... Eine Organisation, die zwar beschleunigen kann, aber nicht die Richtung ändern, ist wie ein Auto, das Gas geben kann, aber nicht lenken. Kurzfristig bringt das schnelle Fortschritte. Langfristig endet es im Crash.»

**Effektive Führungskräfte hetzen sich nicht.
Sie setzen sich ein entspanntes Tempo,
aber bleiben die ganze Zeit am Ball.**

Peter Drucker [*36]

Nur Überholspur geht nicht

Wir brauchen Zeit zum Denken. Diese Denk-Zeit ist nicht automatisch da; wir müssen sie uns nehmen und wir müssen sie schützen. Zum Beispiel, indem wir immer wieder temporär offline sind. Wichtig sind Zeiten ohne Handy, ohne E-Mails, ohne Digitalkonsum. Im Interview mit der FAZ spricht Medizin-Nobelpreisträger Thomas Südhof über die Risiken von Smartphones und ständiger Erreichbarkeit; auf die Frage, warum Smartphones für unsere Psyche so schädlich sind, antwortet er: «Mein normaler Menschenverstand sagt mir: Es kann auf Dauer nicht gut sein, so zu arbeiten, wie es viele heute tun. Wir sind über die Smartphones nie mehr unerreichbar, nie außer Dienst. Wir stehen quasi minütlich im Kontakt zu unserer Arbeit, zu unserer Familie. Diese Dauerbelastung führt zu chronischem Stress, der den Menschen und sein Gehirn verändert. Dauerhaftes Leben auf der Überholspur kann nicht gutgehen.»[*37]

Südhof plädiert für Zeiten der Ruhe – dass man die multimediale Berieselung für einen Moment stoppt und sich bewusst vom Alltag abkoppelt. Leisten Sie sich den «Luxus der temporären Nicht-Erreichbarkeit»! Sie dürfen lernen, Zeit zu verschwenden: mit vorsätzlichem und bewusstem Nichts-Tun, mit Genießen, mit «die Füße hochlegen» und «die Seele baumeln lassen». Sie dürfen Gelegenheiten verpassen, Menschen enttäuschen und Aufgaben unerledigt lassen. Ja, wirklich! Das sind wir zwar nicht gewohnt, aber es ist ungemein befreiend.

Gleichzeitig ist es für viele eine Herausforderung, sich Zeit zum Denken zu nehmen – sie können sich nicht vorstellen, auch das noch in ihrem Tag, in ihrer Woche unterzubringen. Versuchen Sie mal, dafür früher aufzustehen; wenn Ihnen tagsüber keine Zeit dazu bleibt, können Sie sich diese am Morgen nehmen. Die Rechnung ist einfach und sie funktioniert: Jeden Morgen 30 Minuten früher raus für Denken, Lektüre, Meditation oder Reflexion verschafft uns im Jahr gut hundertachtzig Stunden «Extra-Zeit». Das ist definitiv ein Unterschied!

Es geht ums Ganze

- Viele meinen, sie würden ein souveränes Leben führen; tatsächlich aber sind sie Getriebene. Wer vor lauter Tun nicht mehr denkt, der wird gelebt, statt selbst die Akzente zu setzen.

- Zurück zu Carsten Schloter: «Das Gefährlichste ist, wenn man in einen Modus der permanenten Aktivität verfällt. Wenn man auf seinem Smartphone dauernd nachschaut, ob neue Mails reingekommen sind. Das führt dazu, dass man zu keiner Ruhe mehr findet ...»[*38]

- Wie sieht das bei Ihnen aus? Herrschen Sie über das Smartphone?
  Oder herrscht das Smartphone über Sie?

- Frage zur ehrlichen Reflexion: Wann haben Sie Zeit, ungestört über sich und Ihr Leben nachzudenken?

- Denk-Zeit muss erobert und verteidigt werden. Praktische Schritte können sein: Digitalkonsum reduzieren, temporär offline sein, morgens früher aufstehen.
  Damit gewinnen Sie pro Jahr hunderte zusätzliche Stunden.

Nehmen Sie sich ernst, aber nicht wichtig

Es ist das erste Mal seit Jahren, dass ich ein paar Tage nur für mich habe!

Manager in der Vorstellungsrunde

Diese Vorstellungsrunde werde ich nicht vergessen! Es war der erste Abend unseres Time-outs für Führungskräfte und Unternehmer. «Time-out» ist ein Begriff aus dem Sport und bedeutet die Unterbrechung eines Spiels, um kurz durchzuatmen, sich zu sortieren und die Taktik an neue Gegebenheiten anzupassen. Genau das liefern auch diese Tage: eine wohltuende Auszeit für Vielbeschäftigte, weg von der Hektik des Tagesgeschäftes, um das eigene Leben und Wirken zu reflektieren und neu auszurichten. Für ein paar Tage geht es einmal nicht um Business und Performance, sondern um Inspiration und Austausch.

Diese Tage sind wie ein Schutzraum, in dem die Teilnehmer über wesentliche Aspekte ihres Lebens und ihrer Karriere nachdenken und mit anderen Führungskräften freundschaftlich ins Gespräch kommen können. Das trifft bei vielen eine Sehnsucht, so auch bei jenem Manager, der da in unserer Vorstellungsrunde saß. Ich hatte ihn einige Monate vorher kennengelernt, nach einem Vortrag über den «Ausstieg aus dem Hamsterrad». Das Thema schlug bei ihm ein, wir kamen ins Gespräch und ich lud ihn zu unserem Time-out ein; so war er in unserer Runde gelandet.

Als er an der Reihe ist, sich vorzustellen, erzählt er mit großer Offenheit von seinen beruflichen und privaten Herausforderungen: vom herausfordernden Job, der ihm kaum Luft zum Atmen lässt; von einer krankheitsbedingt sehr schwierigen Situation in der Familie; von persönlichen Bedürfnissen nach Ruhe und Balance, die längst auf der Strecke geblieben sind. Mit Tränen in den Augen dann eine Aussage, die allen Anwesenden unter die Haut geht: «Es ist das erste Mal seit Jahren, dass ich ein paar Tage nur für mich habe! Es ist das erste Mal seit Jahren, dass ich es wage, mich selbst ernst zu nehmen. Immer versuche ich, zu funktionieren und die Erwartungen anderer zu erfüllen. Meine eigenen Bedürfnisse kommen ständig zu kurz.»

«Ohne mich geht es nicht» – Lüge!

Das Statement dieses Managers offenbart ein Grundsatzproblem: Oft nimmt man sich zu wichtig («Ohne mich geht es nicht»), aber zu wenig ernst: Man vernachlässigt sich selber (ignoriert die eigenen Bedürfnisse), man überhört und missachtet Frühwarnsignale, verbiegt sich und kompromittiert seine persönlichen Werte – und die Folge ist stilles Leiden.

Warum ändern wir das nicht? Warum tun wir uns selber nicht auch einmal etwas Gutes? Entschuldigungen gibt es viele: Wir haben so viel zu tun. Unser voller Terminkalender lässt es nicht zu, dass wir auch einmal in uns selbst investieren. Es fällt uns schwer, uns auf das «Nicht-Performen» einzulassen – was denken denn da die anderen? Wir unterdrücken das innere Unbehagen und machen weiter ... Mit dem Ergebnis, dass wir zwar gut funktionieren, aber aufhören zu leben. Das Ganze beruht auf einer Täuschung; denn «Ohne mich geht es nicht» ist eine Lüge. Sie haben es bereits gelesen: Die Friedhöfe sind voll mit Menschen, ohne die es «nicht geht» – und die Welt dreht sich trotzdem weiter.

Warum nehmen wir uns selbst nicht ernst?

Ich erkenne vor allem folgende Ursachen: Erstens leben wir in einem leistungsorientierten Umfeld und das erwartet (vermeintlich), dass wir unsere persönlichen Bedürfnisse zurückstellen. Lange Arbeitstage und freiwillige Überstunden werden als unumgänglich hingenommen, desgleichen die umgehende Beantwortung eingehender E-Mails zu jeder Uhrzeit und die ständige Verfügbarkeit selbst am Wochenende oder im Urlaub. Wir überarbeiten uns, weil es von uns verlangt wird (oder weil wir das meinen).

Zweitens können wir dank moderner Technik ständig online sein, das verwischt die Grenze zwischen Beruf und Privatleben. Der richtige Umgang mit dem Smartphone ist nicht einfach; nur selten gelingt es, dass wir uns eine echte Auszeit gönnen.

Drittens ist da wieder unsere Persönlichkeit: Wie kommt es, dass wir nicht zur Ruhe kommen, das Handy nicht weglegen können, dass wir uns so wenig positionieren gegen die tatsächlich oder vermeintlich herrschende Meinung? (Siehe Führungsfehler Nr. 3: «Es mangelt an Mut, gegen die herrschende Meinung zu argumentieren.») Ursache sind die inneren Treiber: Ehrgeiz, Angst, Schuldgefühle, Stolz, die Sehnsucht nach Anerkennung, Prägungen, falsche Denkmuster (z. B. «Ich darf nicht ‚Nein' sagen», «Ich darf die Erwartungen anderer nicht enttäuschen») u. v. m.

Nicht alle inneren Treiber sind ungut; aber das, was Ihnen Leiden schafft, sprießt meist aus destruktiven Wurzeln. Deshalb ist es wichtig, dass Sie sich selber anschauen, sich mit sich selbst befassen: Warum tue ich, was ich tue? Woher kommen meine inneren Muster? Was ist mein ehrliches Motiv?

So beginnen Sie, der Wahrheit ins Auge zu schauen.

Auch das geht: Gutes tun aufgrund von schlechten Motiven

Die entscheidende Frage ist immer: Was ist wirklich mein Motiv? Wir können Gutes tun, aber mit schlechtem Motiv:

- Leistung ist gut. Wenn ich aber leiste, um durch meinen Erfolg meinen persönlichen Wert zu messen, dann ist das Motiv destruktiv, (selbst)zerstörerisch.

- Sich für andere Menschen einsetzen ist gut. Wenn ich mich aber nur deshalb für gemeinnützige Projekte engagiere, vielleicht Geld spende oder wie auch immer anderen Menschen helfe, damit ich selber gut dastehe – das ist ein schlechtes Motiv.

- Sich etwas leisten können ist gut. Wenn ich aber mit Materiellem einen inneren Mangel stopfen will, dann ist das Motiv schlecht.

- Gott suchen ist gut. Wenn ich aber bete oder in der Bibel lese, weil ich glaube, sonst wäre Gott von mir enttäuscht, dann gerät meine Gottesbeziehung unter einen religiösen Druck – und das Motiv ist schlecht.

Von außen betrachtet sehen viele Aktionen großartig aus, bewundernswert, edel und uneigennützig. Was aber ist der ehrliche Beweggrund *Ihres* Handelns? Es lohnt sich, sich selbst zu hinterfragen.

Investition in sich selbst

Ein ungesunder Lebensstil schadet nicht nur Ihnen selbst; er schadet auch Ihren «Stakeholdern», das heißt, allen Menschen, die in Ihrem Leben eine Rolle spielen. Und er schadet dem Unternehmen, für das Sie arbeiten. Warum? Weil er Ihre Kreativität und Leistungsfähigkeit beeinträchtigt. Sie bleiben unter Ihren Möglichkeiten – vielbeschäftigt zwar, aber nicht so wirksam, wie Sie sein könnten. Viele Studien und Praxisbeispiele belegen: Permanente Selbstausbeutung führt zu Gesundheitsproblemen. Man wird anfälliger für körperliche und psychische Leiden, die Leistungsbereitschaft lässt nach ...

Zumindest auf lange Sicht gibt es in jede Richtung nur negative Auswirkungen.[*39] Meine These lautet: Würden wir in unsere Firmen so spärlich investieren wie in uns selbst, in unsere Ehen und Familien, dann wären wir längst pleite!

Viele Manager und Führungskräfte geben zu, dass sie sich selbst immer stärker antreiben, um den steigenden Anforderungen gerechtzuwerden – dabei haben sie aber das Gefühl, bald am Ende ihrer Kräfte zu sein.[*40]

Die Frage ist deshalb nicht, wie Sie möglichst viel aus sich herausholen können, um allen Anforderungen gerecht zu werden; die Frage ist, wie Sie immer wieder in sich selbst investieren können, damit Sie frisch und kraftvoll bleiben. Im Folgenden einige Vorschläge, wie man sich ernst nehmen und sich etwas Gutes tun kann.

Auf der körperlichen Ebene:

Bewegung, Spaziergänge, Sport. Wichtig ist nicht, *was* Sie tun, sondern, *dass* Sie etwas tun. Am besten suchen Sie sich eine Aktivität, die Ihnen Spaß macht; denn das erhöht die Wahrscheinlichkeit, dass Sie diese Aktivität dauerhaft in Ihren Lebensstil einbauen. Beginnen Sie mit kleinen Schritten. Zwei Liegestützen am Tag sind besser als keine Liegestütze. Eine kurze Runde Laufen ist besser als keine Runde Laufen. Besser mit den richtigen Aktivitäten klein beginnen und diese dann ausbauen, als überhaupt nie beginnen. Die positiven Auswirkungen von körperlicher Aktivität sind zahlreich dokumentiert; sie stärkt nicht nur physisch (Muskeln und Gelenke, Knochendichte und Beweglichkeit, Atmung und Herz, Kreislauf und Blutdruck, Gewichtsreduktion, Immunsystem), sondern auch psychisch: Regelmäßige körperliche Ausdauer-Belastung lindert Depressions-Symptome und Angst, stärkt Selbstbild und Resilienz, verbrennt das Adrenalin und lässt Sie besser einschlafen, fördert das mentale Wohlbefinden und die kognitive Flexibilität, stärkt das Gedächtnis und die selektive Aufmerksamkeit sowie Beziehungsfähigkeit und Sozialkompetenz.[*41] In ihrem Artikel «To Improve your Work Performance, Get Some Exercise» («Um Ihre Arbeitsleistung zu verbessern, trainieren Sie») beschreiben die Autorinnen Bonnie Hayden Cheng und Yolanda Na Li die guten Auswirkungen von Sport und Bewegung vor allem auf die berufliche Leistungsfähigkeit – regelmäßige körperliche Aktivität setze Ressourcen frei, die man am Arbeitsplatz sehr gut gebrauchen könne: sie mache kraftvoller und vitaler, verbessere kognitive Fähigkeiten wie Kreativität, Informationsverarbeitung und Aufmerksamkeit und helfe obendrein, sich besser auf seine Aufgaben zu konzentrieren.[*42]

Führt man sich all die positiven Auswirkungen von Sport und Bewegung vor Augen, sollte man doch meinen, dass man darauf keinesfalls verzichten kann! Schon 20 Minuten Bewegung am Tag verbessern das Leben auf lange Sicht enorm. Wichtig sind auch ausreichend Schlaf, eine gesunde und ausgewogene Ernährung, wenig Tabak-, Alkohol- und Medikamentenkonsum sowie regelmäßige medizinische Check-ups. Das ist im Prinzip alles einfach, man muss es nur wollen.

Auf der seelischen Ebene:

Managen Sie Ihre Gedanken und Emotionen. Wie wird man fertig mit Druck, Angst, Enttäuschungen und Verletzungen? Stauen sich diese Dinge in Ihnen auf und entsteht dadurch eine bittere Wurzel – oder haben Sie ein Ventil, über das Sie Druck abbauen können? Ein solches Ventil können Freunde sein oder ein Mentor, jedenfalls ein geschützter Raum, wo Sie ehrlich werden können.

Wie ernähren Sie sich seelisch, d. h., mit wem umgeben Sie sich, welche Medien konsumieren Sie, was lesen Sie und was schauen Sie sich an? Ist das Junk-Food oder gesunde Kost?

Haben Sie tägliche Oasen, d. h. kleine Zeitfenster, in denen Sie etwas tun, was Ihnen Freude macht? Wie sieht es aus mit Hobbys? In der Rushhour des Lebens, vor allem zwischen 30 und 55, verlieren viele das total aus den Augen. Wir brauchen aber ein Spielfeld, das uns Spaß macht und in dem wir uns ausleben können.

Apropos Spielfeld: Zu unserem eingangs erwähnten Time-out gehört immer auch ein «Bubenparadies» mit ferngesteuertem Hubschrauber, Tischtennis-Platte, Tischfußball – und einmal hatten wir sogar eine Carrera-Bahn. Es ist faszinierend zu sehen, wie erwachsenen und im Business gestählten Männern die Augen leuchten, wenn sie wieder zu spielen beginnen!

Der Mensch ist auf einen Zyklus von Aktivität und Ruhe ausgelegt. Vorbild dafür ist die Natur. Wie sich ein Fluß manchmal schlängelt und dabei langsamer fließt und dann wieder gerade und schnellfließende Abschnitte hat, wie er ab und an breiter und flacher und dann wieder schmaler und dynamischer wird, so brauchen auch wir einen Wechsel von Anspannung und Entspannung, Arbeit und Erholung. Deshalb empfehle ich Ihnen: Gönnen Sie sich neben allem Tun ausreichend Freiräume, nehmen Sie sich Zeit für grundlegende Bedürfnisse wie ein gutes Essen, einen schönen Spaziergang und gehen Sie früh genug ins Bett. Halten Sie einen Tag pro Woche, das heißt 24 Stunden am Stück, komplett frei von jeglicher Arbeit (auch nichts «Liegengebliebenes», denken Sie an das Beispiel des Unternehmers aus Führungsfehler Nr. 1). Das Leben ist kein Sprint. Es ist eine Reise. Für diese Reise brauchen wir Energie und wir wollen gesund und glücklich bleiben.

Auf der geistlichen Ebene:

Warum sind Klöster gerade bei Managern dermaßen «in»? Weil sie Orte der Ruhe und geistlichen Tiefe sind. Sie stehen für eine Dimension, die in unserem hektischen und ausgebuchten Alltag oft zu kurz kommt: ein leistungsfreies Eintauchen in geistliche Realitäten, ein Erfülltwerden von oben, ein Sich-Ausrichten am Göttlichen.

Um das zu erleben, muss man aber nicht unbedingt ins Kloster; vieles lässt sich in den Tagesablauf einbauen, z. B. durch Meditation (geistliches und reflektierendes Nachsinnen) und Kontemplation (lateinisch *contemplatio* – «Richten des Blickes nach oben»). Hilfreich sind regelmäßige Zeiten der Stille und des Gebets, z. B. ein kleines tägliches Zeitfenster, in dem man sich zurückzieht, mit Gott spricht, über einen Bibeltext nachdenkt, sich vom Geist Gottes inspirieren lässt. Diese Übungen schärfen unseren Geist und lassen uns innerlich wachsen.

«Es ist leichter, sich zu 100 Prozent an seine Prinzipien zu halten als zu 98 Prozent.»

Sich selbst ernst nehmen heißt auch, die eigenen Überzeugungen und Werte ernst zu nehmen. In Führungsfehler Nr. 3 ging es um unsere «unverhandelbaren Prinzipien». Das Wort Prinzip bedeutet so viel wie Grundsatz, Leitlinie, Maßstab oder Richtschnur.

Welche Werte sind Ihnen so wichtig, dass Sie, wenn sie verletzt werden, vom Tisch aufstehen und gehen? Wo ziehen Sie eine Linie, um Ihre Integrität zu schützen? Was sind Ihre moralischen Prinzipien? Für welche Überzeugungen sind Sie bereit, einen Preis zu zahlen? Abstürze (und das vorherige Abdriften in die Grauzone) kommen nicht überfallartig, sondern sind Ergebnis eines Prozesses: Die eigenen Prinzipien waren entweder nicht geklärt oder man hat sie nicht ernst genommen – was dazu führt, dass man faule Kompromisse eingeht, die einen langsam, aber sicher in den Graubereich führen und irgendwann enden sie im Crash.

Harvard-Ikone Clayton M. Christensen macht dazu ein spannendes Statement: «Es ist leichter, sich zu 100 Prozent an seine Prinzipien zu halten als zu 98 Prozent!» Wörtlich sagt er:

«Unbewusst orientieren wir uns bei der Entscheidung zwischen «Richtig» und «Falsch» sehr häufig am Grenzkostenprinzip. Eine innere Stimme sagt uns: «Natürlich weiß ich, dass man so etwas eigentlich nicht tun sollte. Aber in diesem besonderen Fall, unter diesen mildernden Umständen und wenn ich es nur ein einziges Mal mache, ist es nicht so schlimm.» Die Grenzkosten, die entstehen, wenn man «nur ein einziges Mal» etwas Unrechtes tut, scheinen auf den ersten Blick verführerisch gering zu sein – so gering, dass man gar nicht darüber nachdenkt, wo dieser Weg hinführt und was einen diese Entscheidung letzten Endes kosten wird. Wir leiten die Rechtfertigung für Untreue und Unehrlichkeit in all ihren Manifestationen aus dem Grenzkostenprinzip her: «Nur ein einziges Mal» kostet ja nicht viel, meinen wir […]» Dabei habe ich etwas sehr Wichtiges gelernt: Es ist leichter, sich zu 100 Prozent an seine Prinzipien zu halten als nur zu 98 Prozent. Wenn man sich «nur ein einziges Mal» verleiten lässt, wird man diese Entscheidung garantiert irgendwann bereuen. Sie müssen genau definieren, welche Prinzipien Ihnen wichtig sind, und Ihre persönliche Grenze dann so ziehen, dass Sie nicht Gefahr laufen, etwas Falsches zu tun.[*43]

Es geht ums Ganze

Folgende Symptome können ein Hinweis sein darauf, dass Sie sich zu wenig ernst nehmen (und das ist nur ein kleiner Ausschnitt):

- Sie investieren sich zu viel in andere/anderes und brennen dabei aus.
- Die Erwartungen anderer zu erfüllen gelingt Ihnen besser, als «Nein» zu sagen.
- Sie können sich kaum daran erinnern, wann Sie das letzte Mal Zeit für sich hatten.
- Sport und Bewegung kennen Sie nur theoretisch.
- Hobbys sind vielleicht ein schöner Wunsch, haben aber keinen Platz.
- Screen-Time ersetzt echte Begegnungen.
- Sie verbringen mehr Zeit in Social Media als mit guten Büchern.
- Die geistliche Seite Ihrer Persönlichkeit ist unterernährt.
- Auf die Frage «Was sind die drei wichtigsten Werte in Ihrem Leben?» können Sie spontan keine Antwort geben.
- Bei wichtigen Entscheidungen orientieren Sie sich mehr am schnellen Nutzen als an den langfristigen Konsequenzen.
- Ein wichtiger Gradmesser, um wirklich gute Entscheidungen zu treffen, ist immer die Frage: *Wo führt mich dieser Weg hin und welchen Preis wird diese Entscheidung mich kosten?*

Leben Sie Ihr Ändern!

Wenn ich weiterhin mache, was ich bisher gemacht habe – wo führt mich das hin? Und wenn ich mein Leben vorausdenke und mir vorstelle, wie es einmal aussehen soll – was muss ich dann heute tun, damit ich dorthin gelange?

Das Leben, das wir heute leben, ist Ergebnis der Entscheidungen, die wir gestern getroffen haben. Punkt. Denken wir kurz darüber nach. Wir können auch sagen: Jeder von uns lebt exakt das Leben, das er oder sie selbst gewählt hat – der Volksmund sagt: Wie man sich bettet, so liegt man. Egal ob Job, Beziehungsstatus oder Lebensstil, irgendwann haben wir uns entschieden, so zu leben, wie wir es heute tun (bewusst oder unbewusst und oft in vielen Einzelentscheidungen). Einverstanden?

Wer sich von dieser These provoziert fühlt, hat seine Eigenverantwortung noch nicht erkannt. «Aber für bestimmte Umstände kann ich doch nichts!» Das stimmt. Natürlich gibt es Einflussfaktoren, an denen wir nichts ändern können, die wir nicht im Griff haben: In welches Land wir hineingeboren wurden und in welche Familie, das haben wir uns nicht ausgesucht und entsprechend auch nicht, in welchem Kontext wir aufgewachsen sind, welche Startbedingungen wir hatten und welche Chancen sich uns bieten. Vor allem in der Kindheit wird über uns entschieden; und manchmal zerbrechen Beziehungen oder anderes in unserem Leben, ohne dass wir das gewünscht hätten. Das ist alles klar.

Trotzdem gilt, dass jeder von uns selbst verantwortlich ist für das, was er mit und aus dem Leben macht, das ihm oder ihr zur Verfügung steht – einschließlich unserer Lebensgeschichte von der Geburt bis heute, einschließlich aller Höhen und Tiefen, der guten wie der schlechten Zeiten. Sie haben nicht immer in der Hand, was mit Ihnen geschieht; aber Sie haben es in der Hand, wie Sie damit fertigwerden. Für das Verhalten anderer können Sie nichts, wohl aber für Ihre Reaktion darauf; die steht in Ihrer Verantwortung.

Vielleicht stecken Sie in Umständen, die Ihnen nicht gefallen – meistens können Sie sie verändern. Ja, das kostet einen Preis; aber Nicht-Veränderung kostet auch etwas. Die Entscheidung liegt bei Ihnen.

Mit dieser elementaren Erkenntnis machen Sie einen entscheidenden Schritt: Sie treten aus dem Opfermodus heraus und in die Gestalter-Rolle hinein. Nicht die anderen sind schuld, der Ball ist bei Ihnen; Sie nehmen das Heft des Handelns in die Hand. Das öffnet einen Lösungsweg nach vorn – denn so, wie Ihre Entscheidungen von gestern Ihr Leben heute prägen, so bestimmen Ihre Entscheidungen von heute Ihr Leben morgen.

Wenn Sie Ihr Leben selbst gewählt haben, dann können Sie es auch verändern und neu ausrichten. Jeder sollte sagen können: «Ich lebe genau das Leben, das ich will – mit allem, was dazugehört und wozu ich mich bewusst oder unbewusst entschieden habe.»

Veränderung endlich anpacken

Vielleicht sind Sie gerade an einem Punkt, an dem Sie Veränderungsbedarf erkennen («Ich wünsche mir ...» – mehr Freiräume, mehr Zeit zum Denken, mehr Bewegung, mehr Familien-Zeit etc.); aber da sind die intensiven Anforderungen im Job, Sie sind sehr beansprucht ... Wie können Sie die gewünschte Veränderung trotzdem vornehmen?

Oft versuchen wir, uns Ziele zu setzen und diese Ziele dann mit großer Disziplin zu erreichen: «Ich nehme mir vor, drei Mal die Woche Sport zu machen, jeden Monat ein Buch zu lesen, bis Jahresende soundso viel Kilo abzunehmen» etc.

Leistungsorientierte Menschen fallen leicht von einem Extrem ins andere, von Passivität in Aktionismus, von «Bisher habe ich nichts gemacht» in «Jetzt muss alles ganz schnell gehen». Denken Sie an Führungsfehler Nr. 4, «Veränderungen werden hinausgezögert, oder: Aktionismus statt konkreter Maßnahmen»: Ziele setzen und mit Disziplin verfolgen ist zwar gut, bedeutet in der Praxis aber einen ständigen Kampf zwischen Wunsch und Wirklichkeit und resultiert oft in einem schlechten Gewissen, weil man es doch nicht schafft, seine Entschlüsse umzusetzen und das Ziel zu erreichen.

Dieser Ansatz bewirkt also genau das, wovon man doch frei werden will: noch mehr Druck und Aufgaben in unserer ohnehin schon vollen Agenda. Aber jetzt die gute Nachricht: Es gibt einen besseren Weg. Dieser Weg funktioniert nicht primär über Ziele, sondern über eine sukzessive Anpassung des Lebensstils. Damit bauen Sie die gewünschte Veränderung fließend in Ihren Alltag ein. Sie müssen sich nicht mehr *anstrengen*, etwas Bestimmtes zu tun, Sie machen das zur *Gewohnheit.*

Konzentrieren Sie sich auf strategische Aktivitäten

Der Schlüssel heißt «strategische Aktivitäten» – Tätigkeiten oder Maßnahmen, die, wenn man sie regelmäßig ausübt, langfristig einen großen Nutzen bringen.

Im Zeitmanagement kennt man die «Eisenhower-Matrix»: Aufgaben und Aktivitäten werden anhand der Kriterien «Wichtig» und «Dringend» in vier Kategorien eingeteilt. Alles, was wir tun, beruflich und privat, findet sich in einem der vier Quadranten wieder: Manches ist wichtig *und* dringend; anderes ist wichtig, aber nicht dringend. Vieles ist dringend, aber nicht wichtig – und so manches ist weder das eine noch das andere.

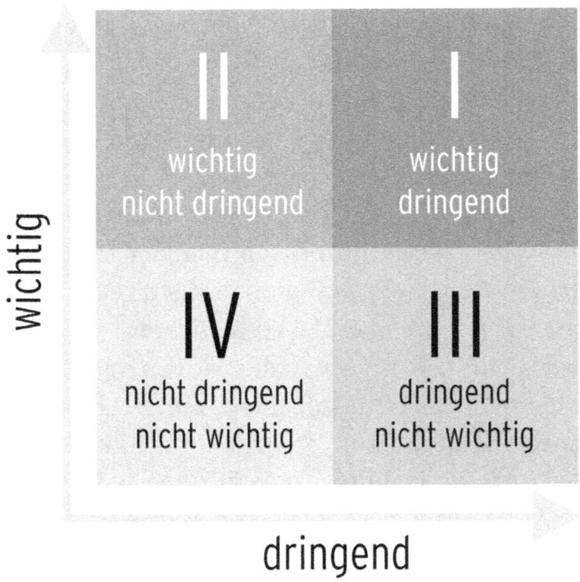

In Quadrant I oben rechts sind Aufgaben und Aktivitäten, die wichtig und dringend sind. Dazu gehört vor allem zweierlei: Projekte mit «Abgabetermin» (Deadline) und Krisen. Wenn also ein Problem auftaucht, das die Existenz oder Funktionsfähigkeit des Unternehmens gefährdet, muss es umgehend angegangen und behoben werden, d. h., es ist wichtig *und* es ist dringend.

Rechts unten in Quadrant III sind Aufgaben und Tätigkeiten, die dringend, aber nicht wichtig sind. Dazu gehören viele Meetings, Telefonate, Routineaufgaben – sowie das permanente Pling und Plong des Smartphones (also alles, was sich aufdrängt, aber nicht wirklich wichtig ist). Dieses Feld ist groß, hier verbringen wir viel Zeit.

Zu Quadrant IV unten links «nicht dringend, nicht wichtig» gehören vor allem Ablenkungen. Nochmals das Stichwort Smartphone: Denken Sie daran, wie oft während des Tages Sie «nur mal schnell» zum Smartphone greifen, um diverse Profile, Accounts oder Nachrichten-Seiten zu checken – und wie leicht Sie dann in einen Strudel geraten, der Ihnen zusammengerechnet jede Menge Zeit raubt und weder wichtig noch dringend ist.

Spielentscheidend wird es oben links in Quadrant II bei den Aufgaben und Aktivitäten, die zwar wichtig sind, aber nicht dringend. Was gehört in dieses Feld?

- Nachdenken, Reflexion, Prioritäten prüfen
- Visionen entwickeln, Ziele setzen
- Planung und Strategie
- Beziehungen, Partnerschaft, Familie, Freunde
- Erholung und Time-out-Phasen
- Sport und Bewegung
- Inspiration, Stille, Gebet
- persönliche Weiterbildung und Entwicklung

Nutzen Sie die Hebelwirkung

Anders ausgedrückt, könnte man fragen: «Welche Aktivität bewirkt bei regelmäßigem Ausüben einen enormen Unterschied?» Diese Aktivitäten sind in Quadrant II angesiedelt; hier entscheiden sich Wirksamkeit und Lebensqualität.

Diese Aktivitäten sind strategisch, weil sie langfristig eine große Wirkung entfalten – zum Guten wie zum Schlechten. Der Vorteil davon ist, dass wir uns auf lange Sicht enorm stärken, wenn wir sie tun; der Nachteil ist, dass wir uns enorm schwächen, wenn wir sie unterlassen.

Die Gefahr: Weil diese Aktivitäten zwar wichtig sind, aber nicht dringend, geraten sie leicht unter die Räder. Eine zeitweise Vernachlässigung fällt zunächst kaum auf, dauerhaftes Vernachlässigen aber hat massive Konsequenzen. Denn wenn wir diese Aktivitäten zu lange versäumen, schleichen sie nach rechts in den Quadranten I und werden zur Krise! Dann *müssen* wir uns darum kümmern – und zahlen einen Preis, der viel höher ist, als wenn wir frühzeitig agiert hätten.

Einige Beispiele:

- Wenn wir sportliche Aktivitäten in unseren Lebensstil einbauen, macht uns das stärker, gesünder und leistungsfähiger. Wenn wir auf Sport verzichten und einen ungesunden Lebensstil praktizieren, macht das zunächst nichts. Eine Zeit lang können wir von den Reserven unseres Körpers zehren, irgendwann aber meldet sich der Körper (Stichwort: Frühwarnsignale), und wenn wir auch diese Signale ignorieren, landen wir in der Krise.

- Ein regelmäßiger Abend zu zweit stärkt die Ehe und macht das gemeinsame Leben schöner. Wenn wir diese Beziehung aber vernachlässigen, weil der Beruf oder andere Dinge zu viel Aufmerksamkeit fordern, macht das zunächst vielleicht wenig aus; irgendwann aber kann es sein, dass unser Partner mit gepackten Koffern uns vor vollendete Tatsachen stellt.

- Eine tägliche Zeit der Stille und Inspiration bringt Klarheit und Orientierung in den hektischen Alltag. Wenn wir aber darauf verzichten, weil unser Terminkalender das vermeintlich nicht hergibt, werden wir zu Getriebenen.

- Mit den Kindern Zeit zu verbringen ist eine Investition, die sich langfristig enorm auszahlt – aber in der Praxis ist sie immer umkämpft. Mir geht es dabei nicht besser als anderen; wenn ich hier nicht wachsam bin, komme ich zum gleichen tragischen Fazit, wie ich es von vielen Führungskräften höre: «Wenn ich in meinem Leben eines bereue, dann das, dass ich meine Kinder nicht habe aufwachsen sehen!»

- Die Liste lässt sich fortsetzen: Ohne Nachdenken und Planung werden wir gelebt. Ohne Erholung brennen wir aus. Ohne persönliche Entwicklung bleiben wir stehen ... Die Botschaft ist klar: Das Leben entscheidet sich vor allem durch die strategischen Aktivitäten – «nicht dringend, aber wichtig».

Das Wichtige vor dem Dringenden schützen

Die Herausforderung in 15 Sekunden: Die Quadranten I, III und IV füllen sich automatisch; an Krisen kommt keiner vorbei, das Dringende drängt sich sowieso auf, die Ablenkungen sind einfach zu verlockend. Was tendenziell zu kurz kommt, sind die Wichtig-Aktivitäten aus Quadrant II.

Hier liegt das Potenzial für positive Veränderung – und Ihr Führungsauftrag. Wollen Sie Gestalter Ihres Lebens sein, dann schützen Sie das Wichtige vor dem Dringenden. Anfangs erfordert das Disziplin; sind diese strategischen Aktivitäten aber als Gewohnheiten etabliert, läuft es (fast) von allein – dann ist es nicht mehr außergewöhnlich, sie zu tun, sondern es wäre außergewöhnlich, sie *nicht* zu tun. Tun Sie, was Laura Vanderkam schreibt in ihrem Buch *What the Most Successful People Do Before Breakfast:* Erfolgreiche Menschen machen sich wichtige Aufgaben zur Gewohnheit!

Vom Wunsch zur Wirklichkeit

Die tiefsten Erkenntnisse, die frommsten Wünsche und größten Sehnsüchte nach Veränderung oder dem Leben, wie man es gerne hätte, nützen nichts, wenn sie nicht zur Tat werden! Es bedarf einer Implementierung, der Integration unseres Ideals in die Wirklichkeit. Den Bedarf an mehr Freiraum, an Inspiration, besseren Beziehungen, Berücksichtigung der eigenen Bedürfnisse etc., diesen Bedarf erkennen viele; aber die Umsetzung gelingt nur wenigen.

Hier trennt sich die Spreu vom Weizen; es braucht den Schritt von der Theorie in die Praxis – und der Weg führt über die strategischen Aktivitäten: Das Wichtige bekommt den Platz, der ihm zusteht. Sie profitieren von den vielen guten Auswirkungen; und es geschieht noch etwas: Sie formen Ihren Charakter.

Die Persönlichkeit bestimmt das Handeln – aber auch umgekehrt: Das Handeln prägt die Persönlichkeit. Wenn Sie Ihre Ideale und Zielbilder auf konkrete Schritte herunterbrechen, formt das Ihr Herz und lässt Sie charakterlich wachsen.

Es geht ums Ganze

- «Ändere dein Leben!» (Ziele und Disziplin) setzt unter Druck; «Lebe dein Ändern!» (sukzessive Anpassung des Lebensstils) hingegen öffnet einen Lösungsweg. Anders ausgedrückt: Ziele sind gut, Veränderung des Lebensstils ist besser.

- Wenn Sie sich anhand der Dringend-wichtig-Matrix reflektieren: Wie viel Raum nehmen die einzelnen Quadranten in Ihrem Leben ein? Welche konkreten Schritte können Sie tun, um Quadrant II (strategische Aktivitäten) zu vergrößern und Quadrant III und IV zu verkleinern?

- Im Rückblick auf sein Leben spricht praktisch niemand über das Auto, das er gefahren, oder die Kleidung, die er getragen, oder die Stunden, die er im Büro verbracht hat. Wenn es um den Lebenserfolg insgesamt geht, entpuppt sich das Dringende, mit dem wir so viel Zeit verbringen, als außerordentlich irrelevant.

Der Löwe lauert

Es ist früher Morgen an einem abgelegenen Wasserloch in der afrikanischen Savanne. Alles scheint ganz entspannt, zumindest für den Augenblick: Antilopen, Springböcke, Zebras und Giraffen teilen sich das kostbare Nass, um ihren Durst zu stillen. Doch plötzlich ändert sich die Stimmung. Nervosität bricht aus. Wie von unsichtbarer Hand gesteuert, gehen die Tiere in Alarmstellung – ein sicherer Hinweis darauf, dass tödliche Gefahr droht. Irgendwo im Gebüsch, unsichtbar und doch ganz nah, liegt er auf der Lauer: der König der Tiere, jederzeit bereit, loszuschlagen und sich seine Beute zu holen.

Interessant ist die Jagd-Strategie der Löwen: Sie attackieren nicht einfach alle an der Wasserstelle, sie nehmen es nicht mit einer ganzen Herde auf, sondern setzen ihre Kräfte sehr gezielt ein. Oft beobachten sie die Herde stundenlang, wählen ein mögliches Zielobjekt aus und beim Angriff – und das ist entscheidend! – beim Angriff versuchen sie, dieses eine Tier von der Gruppe zu trennen. Ist das gelungen, hat der Löwe leichtes Spiel.

Absturz der Superstars

Daraus habe ich etwas Wichtiges gelernt: Wer sich von der Gruppe trennt, wird gefressen! Das gilt in der Wildnis Afrikas genauso wie im Menschenleben. In den Medien lesen wir immer wieder vom Absturz eines Superstars in Wirtschaft und Gesellschaft: Manager, Sportler, Prominente im Rampenlicht driften allmählich ab und am Ende stürzen sie – zuerst bewundert, dann verachtet; zuerst gesucht, dann gemieden; zuerst im Mittelpunkt, dann in der Versenkung, in besonders tragischen Fällen im Suizid.

Ein großer Faktor ist dabei oft, dass diese Männer und Frauen keine schützende Gruppe um sich hatten; es fehlte an einem inneren Kreis von Vertrauten und Freunden. Da ist kein Raum zur Stärkung und Korrektur, niemand, dem man ehrlich offenbaren kann, wie es einem wirklich geht. Es ist wie am afrikanischen Wasserloch: Wenn wir allein unterwegs sind, werden wir zur leichten Beute!

Denken Sie an Swisscom-Chef Carsten Schloter und seine letzten Tage auf der Sonnenterrasse des Luxushotels Guarda Val: Wie wäre es gewesen, hätte er nicht allein dort gesessen, sondern mit einem guten Freund? Einem Freund, dem er sich hätte offenbaren können. Der ihn ermutigt und mit ihm durch dieses tiefe Tal geht. Der nicht nur die Fassade sieht, sondern das Herz kennt. Der ihn nicht aufgibt, sondern zu ihm steht. Ein weiser Ratgeber, der nicht nur die Verzweiflung sieht, sondern auch die Lösungswege.

Könnte es sein, dass er dann heute noch leben würde?

Das Erfolgsgeheimnis von Bill George

In seinem Vortrag (siehe «Alle Krisen sind Führungskrisen») nennt Bill George eines seiner Erfolgsgeheimnisse: Seit vierzig Jahren trifft er sich jede Woche für eine Stunde mit einer kleinen Gruppe von Freunden zum Austausch und zur gegenseitigen Stärkung. Das sei, neben der Beziehung zu seiner Frau, für ihn der entscheidende Schlüssel, um in allen Herausforderungen auf Kurs zu bleiben, in allen Gefahren und Verlockungen, die man in seiner Position so habe.

Wenn Bill George das braucht, brauchen wir das auch: einen kleinen Kreis von Freunden, einen vertrauten «Inner Circle», in dem wir schonungslos offen sein können. Wir brauchen Menschen, die uns zurückholen, wenn wir Gefahr laufen, vom geraden Weg abzukommen; wir brauchen Ratgeber, die uns ehrliches und wohlwollendes Feedback geben. Wir sind keine Lucky Lukes, die allein durch den Wilden Westen reiten und immer Sieger sind. Wenn die Einbindung fehlt, der geschützte Rahmen, das Korrektiv, dann ist die Gefahr groß, dass wir uns selber aus den Augen verlieren. Dann können wir noch so viel äußeren Erfolg haben: Der Absturz droht!

«Ein Freund, mit dem du weinen kannst, ist ein Geschenk»

Im Interview mit der FAZ sprechen Herbert Hainer und Uli Hoeneß über Erfolg und Scheitern, über Helden und Gefängnis, über persönliche Krisen und den Wert wahrer Freundschaft. Beide gehören zu den erfolgreichsten deutschen Managern und haben Unternehmen von Weltformat aufgebaut – Hainer den Sportartikelhersteller Adidas, Hoeneß den Fußballriesen FC Bayern München –; und beide haben neben großen Erfolgen auch schwere Niederlagen und existenzielle Krisen erlebt: Herbert Hainer den Verlust seiner Tochter, die im Alter von 23 Jahren starb, und Uli Hoeneß den Absturz ins Gefängnis nach seiner Verurteilung wegen Steuerhinterziehung.

Was den beiden in diesen schwierigen Phasen ihres Lebens besonderen Halt gab, war ihre langjährige persönliche Freundschaft. Herbert Hainer über den Rückhalt in der dunkelsten Stunde seines Lebens: «Was an einer Freundschaft wichtig ist, sind nicht monetäre Dinge, nicht Botengänge oder kleine Dienste, sondern einzig die seelisch-moralische Unterstützung. So war das bei mir mit dem Tod von Kathrin. Wenn du da siehst, ein Freund wie der Uli steht da, das reicht. Das gibt unheimliche Kraft.» Uli Hoeneß betont, wie sehr es ihm half, dass trotz seiner Verurteilung als Steuerhinterzieher Herbert Hainer öffentlich zu ihm hielt – was dem Adidas-Chef manche Kritik einbrachte. Hoeneß: «Wir alle sind ja stark, gut vernetzt, wissen uns zu helfen. Aber es gibt den Punkt, an dem das alles und auch Geld nicht mehr hilft …»

Auf die Frage, wie man als vielbeschäftigter Mensch eine Freundschaft überhaupt am Leben halten könne, ist die Antwort klar: Es sei ungeheuer wichtig, trotz aller Termine und Verpflichtungen sich Zeit zu nehmen für private Beziehungen und echte Freundschaften zu pflegen. – Gibt es in der Garde junger Manager heute weniger Freundschaften? Hainer: «Ich denke schon. Heute ist das mehr Networking als echte Freundschaft. Das liegt weniger an den Managern selbst als daran, dass sie weniger Zeit haben … Trotzdem kann ich jedem nur wünschen, dass er ein paar echte Freunde hat. Wenn du jemanden hast, mit dem du weinen kannst, dann ist das ein Geschenk.»*44

Mit Familie lebt man länger

Der Journalist Frank Schirrmacher stellt in seinem Buch *Minimum* eine provokante These auf: Mit Familie lebt man länger.*[45] Bildhaft deutlich macht er das an der dramatischen Geschichte der sogenannten Donner-Party, einer Gruppe von Siedlern, die 1846 auf dem Weg in den Westen der USA waren, um sich dort eine neue Existenz aufzubauen – eine hoffnungsvolle bunte Schicksalsgemeinschaft aus anfangs 87 Personen, bestehend aus mehreren Familien, angeworbenen Helfern und fünfzehn allein reisenden jungen Männern, die am anderen Ende des Kontinents ihr Glück suchen.

Nach monatelanger Reise mit Schwierigkeiten und Verzögerungen wird die Gruppe im Spätherbst auf dem Weg durch die Sierra Nevada von einem heftigen Wintereinbruch überrascht und ein verzweifelter Kampf ums Überleben beginnt: Die Vorräte schwinden, die Nerven liegen blank, die unbarmherzige Kälte fordert erste Opfer. Festgefroren in den eisigen Bergen des Wilden Westens, bezahlen etliche Mitglieder des Trecks ihren Traum von einem neuen Leben im sonnigen Kalifornien mit dem Tod. Männer, Frauen, Kinder – Kopf für Kopf wird die Gruppe im Laufe der Wochen kleiner; von den ursprünglich 81 in der Eishölle gefangenen Siedlern sind am Ende 34 tot. Wer überlebt? Nicht die jungen Glücksritter; nur drei von ihnen kommen durch.

Gerade die, denen man von außen betrachtet die besten Überlebenschancen einräumen würde: jung, stark, gesund, ohne Verpflichtungen, gerade die erweisen sich als besonders vulnerabel – nicht aufgrund ihrer Physis, die ist zweifellos überlegen, sondern weil ihnen die soziale Einbettung fehlt. Die besten Überlebenschancen bzw. die Wahrscheinlichkeit, am längsten am Leben zu bleiben, hatten diejenigen, die in eine Familie eingebunden waren; die Einzelgänger waren fast alle tot. Auch die Familien erlitten Verluste, im Verhältnis aber deutlich weniger als die Alleinreisenden – und die Opfer lebten deutlich länger. Auch hier gilt: Die Herde macht den Unterschied.

Es geht ums Ganze

Analyse:

Wie sieht es in Ihrem Leben aus mit der Beziehung zu Freunden und Vertrauten? Folgende Fragen helfen bei der Klärung:

- Mit wem können Sie weinen, wenn Sie durch eine Krise gehen?
- Wer hilft Ihnen, auf Kurs zu bleiben?
- Wem geben Sie Rechenschaft?
- Anders ausgedrückt:
  Wer darf in Ihr Leben korrigierend hineinsprechen?
- Wo erfahren Sie Ermutigung und Stärkung?
- Haben Sie geschützte Räume, in denen Sie ehrlich werden und auch Ihre Schwächen und Herausforderungen zur Sprache bringen können?
- Wer steht zu Ihnen, wenn Job, Geld und Ruhm weg sind?
- Wo ist die Herde, in der der Löwe Sie nicht antastet und die Sie vor dem Löwen schützen kann?

Wenn Sie auf obige Fragen keine guten Antworten haben, besteht Handlungsbedarf.
Gute Beziehungen und geschützte Räume bekommen Sie so:

- Freunde fallen nicht vom Himmel. Frei nach Hoeneß und Hainer: Nehmen Sie sich Zeit für private Beziehungen und echte Freundschaften.

- «Nehmen» ist ein «Tunwort», es impliziert Ihr proaktives Handeln. Tragen Sie diese Freundschafts- und Ehe-Zeiten in Ihren Kalender ein, sie sind genauso wichtig wie Geschäftstermine.

- Beginnen Sie mit dem, was da ist: Wer sind Ihre Freunde? Notieren Sie diese Namen auf ein Blatt Papier. Wie sieht Ihre Beziehung zu diesen Freunden aus? Was können Sie tun, um diese Freundschaften zu vertiefen? Formulieren Sie konkrete Schritte!

- Suchen Sie sich Plattformen zum Austausch und zur freundschaftlichen Vernetzung, zum Beispiel unseren «Retreat für Führungskräfte und Unternehmer».
  Die Förderung freundschaftlicher Beziehungen unter Verantwortungsträgern ist uns ein wichtiges Anliegen.

- Nehmen Sie sich einen Mentor oder einen Coach oder einen externen Sparringspartner.[*46] Jemanden zu haben, mit dem man über brennende Themen sprechen kann, ist extrem hilfreich.

- Stärken Sie Ihre Beziehungen in der Familie. Ob Sie verheiratet sind oder Single oder wie auch immer Ihr Beziehungsstatus aussieht: Entscheiden Sie sich, ganz neu zu investieren in die Menschen, die Ihnen am nächsten stehen.

Die wichtigste Karriere

**Ich habe noch nie jemanden sagen hören:
«Wenn ich zurückschaue, bereue ich, dass ich so viel Zeit
mit meiner Frau und meinen Kindern verbracht habe.»**

Er war auf dem Höhepunkt seiner Karriere. Nach dem Abschluss seines Management-Studiums an der angesehenen Stanford University stieg Eugene O'Kelly bei der Wirtschaftsprüfungsgesellschaft KPMG ein. Rasch stieg er in der Firma auf, wurde Partner und Mitglied der Geschäftsführung. Im April 2002 folgte der Schritt an die Spitze, O'Kelly wurde zum Chairman und CEO ernannt. Mit Anfang 50 hatte er den Gipfel erklommen und alles erreicht, was man sich unter «Erfolg» vorstellt: Chef eines Weltkonzerns, enormes berufliches und gesellschaftliches Ansehen, ein hohes Einkommen und ein exklusives Haus auf der schicken New Yorker Upper East Side; O'Kelly ist verheiratet mit einer hübschen Frau und Vater von zwei Töchtern.

Kurzum: Das Leben läuft nach seinen Vorstellungen – bis zu jenem Tag im Mai 2005, an dem Eugene O'Kelly von seinem Arzt eine Diagnose bekommt, die alles auf den Kopf stellt: Gehirntumor. Nicht heilbar. Lebenserwartung: noch wenige Monate! Diese Nachricht trifft O'Kelly, einen der «Masters of the Universe im US-Business» (Der Spiegel), wie ein Blitz aus heiterem Himmel. Bis zu diesem Tag kennt sein Leben nur eine Richtung: nach oben. Er hat sich für unsterblich gehalten; und jetzt dieser Hammer! O'Kelly leidet an einem Glioblastom, einem aggressiven Gehirntumor – schnell fortschreitend, unheilbar, tödlich. Der Schock sitzt tief. Die Krankheit verändert alles. Nichts ist mehr, wie es war.

In einem bewegenden Buch, posthum veröffentlicht und schon bald New-York-Times-Bestseller, beschreibt O'Kelly, wie der bevorstehende Tod seinen Blick auf Leben, Erfolg und Karriere verändert; es ist ein aufrüttelndes Protokoll seiner letzten einhundert Tage.[*47] Zuerst kam die Wut: «Meine Tage als ein Mann an der Spitze, kraftvoll und produktiv, waren vorbei, einfach so!» Dann beginnt er, über sein Leben nachzudenken. Es war eine harte Landung und eine späte Offenbarung darüber, wie sehr ihn der Beruf aufgefressen hatte: «Mein Kalender war immer über 18 Monate im Voraus ausgebucht. Ich führte ein Leben in Höchstgeschwindigkeit. Ich arbeitete immer, an den Wochenenden, oft in der Nacht. Ich verpasste jede Schulveranstaltung meiner Tochter. [...] In den letzten zehn Jahren habe ich es nur zweimal geschafft, mit meiner Frau essen zu gehen.» Jetzt war es zu spät![*48]

«Diese Diagnose war ein Glücksfall, weil sie mich zwang, tiefer über mein Leben nachzudenken als je zuvor!»

O'Kelly beginnt, sein Leben aufzuräumen, und kommt zu ergreifenden Einsichten: «Diese Diagnose war ein Glücksfall, weil sie mich zwang, tiefer über mein Leben nachzudenken als je zuvor!» Seine Prioritäten verändern sich. Was wichtig ist und was unwichtig, erscheint in einem völlig neuen Licht.

Der Begriff «Zeit» bekommt eine ganz neue Bedeutung. Vor der Diagnose, so O'Kelly, habe er jeden Abend vor dem Einschlafen über Projekte und Pläne nachgedacht; aktuell wurden die jedoch oft erst viele Monate später. Nach der Diagnose denkt er abends vor dem Einschlafen nur noch an den nächsten Tag. «Als leistungsorientierter Mensch war ich immer darauf fokussiert, die Zukunft zu planen und zu gestalten. Jetzt lerne ich den Wert der Gegenwart schätzen.»[*49]

Aufgrund seiner exponierten beruflichen Position und der internationalen Netzwerke kennt er unzählige Menschen. Ihm ist klar, dass er nicht mehr genug Zeit für all diese Leute haben wird; deshalb beginnt er, seine Beziehungen zu priorisieren. Mit zittriger Schrift, schon gezeichnet von dem Krebs, der in seinem Kopf sein Unwesen treibt, malt er auf ein Blatt Papier ein Diagramm mit mehreren ineinander liegenden Kreisen. Von außen nach innen ordnet er in aufsteigender Reihenfolge die Bedeutung seiner Beziehungen: Wer sind in seinem Leben die wichtigsten Menschen?

Wem geben wir unsere Lebenszeit?

Der äußerste Kreis

Zuerst der Kreis ganz außen: ehemalige Klassenkameraden, Kollegen, Nachbarn, Bekannte aus Vereinen und dem Geschäftsleben – alles Leute, die sein Leben bereichern und denen er sich verbunden fühlt; O'Kelly kommt auf über eintausend Personen. Beim Aufschreiben der Namen wird ihm zweierlei bewusst: Zum einen empfindet er für jeden Einzelnen tiefe Wertschätzung – ohne diese Diagnose hätte er niemals darüber nachgedacht; zum anderen aber wird ihm schmerzlich klar, wie viel Lebenszeit er in diesem äußeren Kreis verbracht hat, Zeit, die unweigerlich auf Kosten der noch wichtigeren Beziehungen in den inneren Kreisen ging.

«Ich dachte darüber nach, wie sehr ich in meinem bisherigen Leben von diesem äußeren Kreis vereinnahmt wurde. Im Business hatte ich ständig Meetings mit allen möglichen Leuten – gute Leute, nette Leute, aber nichtsdestotrotz ‚Äußerster-Kreis-Leute'. War es notwendig, mit manchen von ihnen mehrmals pro Monat essen zu gehen – wo es mir jahrelang fast nie gelang, das mit meiner Frau zu tun? Hätte ich dieses Diagramm früher gezeichnet, als ich noch meinte, ich hätte alle Zeit der Welt, wäre mir viel eher klargeworden, wie wichtig bestimmte Leute in meinem Leben sind und wie unwichtig andere. Es hätte mir geholfen, meine Zeit und Energie besser einzusetzen. Wie kann es sein, dass ich unsere Partner und Mitarbeiter immer ermutigt habe, ein ausgeglichenes Leben zu führen, wo doch mein eigenes Leben alles andere als ausgeglichen war?»[*50]

Die mittleren Kreise

Im nächsten Kreis folgen wichtige Geschäftspartner und Weggefährten – Menschen, mit denen er über Jahre hinweg an einer gemeinsamen unternehmerischen Vision arbeitete und die seine berufliche Entwicklung begleiteten und prägten; im Kreis noch eine Stufe weiter innen stehen die Namen langjähriger persönlicher Freunde. Nicht alle können mit seiner Erkrankung umgehen; hier macht O'Kelly eine interessante Erfahrung: «Am besten können es diejenigen», stellt er fest, «die eine oder besser beide der folgenden Voraussetzungen erfüllen: Sie glauben an Gott (oder haben zumindest ein starkes geistliches Fundament); und sie führen eine stabile Ehe oder Partnerschaft.» Denen, die an seiner Situation besonders verzweifeln, mangelt es meist an beidem.

Der dritte der mittleren Kreise bezeichnet die Ebene der Großfamilie: Eltern, Schwiegereltern und nahe Verwandte.

Der innerste Kreis

Schließlich zum Zentrum des Diagramms: Welche Menschen stehen für O'Kelly im wichtigsten Beziehungskreis seines Lebens? Die Antwort liegt auf der Hand: seine Frau und seine Kinder!

Es geht ums Ganze

Wie sehen unsere Beziehungskreise aus? Machen Sie es wie Eugene O'Kelly – nehmen Sie ein leeres Blatt Papier und tragen Sie Ihre Beziehungen ein. Wer steht wo? Investieren Sie Ihre Zeit entsprechend der Bedeutung der jeweiligen Beziehung? Oder müssen Sie wie O'Kelly feststellen, dass sie zu viel Zeit in den äußeren Kreisen verbringen? In vielen Gesprächen mit beruflich erfolgreichen Leuten höre ich immer wieder diesen einen Satz: «Was ich am meisten bereue, wenn ich auf mein Leben zurückschaue, ist die Tatsache, dass ich mir zu wenig Zeit genommen habe für meinen Partner und meine Kinder»; das Gegenteil davon habe ich noch nie gehört!

Das ist eine Herausforderung für jeden von uns. Wir sitzen alle im gleichen Boot und laufen alle Gefahr, in diese Falle zu tappen. Wie beugen Sie dem vor? Es beginnt damit, dass Sie sich wie Eugene O'Kelly klarmachen, welche Menschen in Ihrem Leben wirklich wichtig sind – und ob diese von Ihnen die Zeit und Aufmerksamkeit bekommen, die sie brauchen und verdienen. Ihre wichtigste Karriere ist nicht der Job, nicht die Firma, nicht das Geld, sondern die Menschen im innersten Kreis.

Wirklich erfolgreich ist der, dessen Beziehungen gelungen sind.

Wirkt auch ohne Koffein: Der tägliche Espresso

Die Geschichte von Eugene O'Kelly ist ein Weckruf. Was machen Sie jetzt damit? Wie gelingt der Schritt von der Betroffenheit zur Umsetzung? Wie können Sie noch besser investieren in die Menschen in den inneren Kreisen Ihres Beziehungs-Diagramms? Mit anderen Worten: Wie verbessern Sie Ihre wichtigsten Beziehungen? Wie immer gilt: Veränderung ist ein Prozess, sie geht in kleinen Schritten vor sich.

Vor einiger Zeit erzählte mir ein viel beschäftigter Unternehmer von einer für ihn bahnbrechenden Entdeckung: Seine Frau schätze es sehr, dass er sich neuerdings nach dem Mittagessen immer noch etwas Zeit nehme, um mit ihr eine Tasse Espresso zu trinken. Seine Arbeitstage seien sehr eng getaktet und für den Lunch nehme er sich immer nur so viel Zeit wie unbedingt notwendig – aber jetzt habe er herausgefunden, welch große Wirkung dieser kleine Espresso habe.

Diese kurze gemeinsame Zeit tut seiner Frau gut – für sie ist es eine Möglichkeit zum Austausch und außerdem ein Zeichen der Wertschätzung, dass ihr Mann sich für sie Zeit nimmt. Weil es seiner Frau guttut, tut es auch der Ehe gut – ihre Beziehung verbessert sich spürbar. Weil es der Ehe guttut, tut es auch den Kindern gut – die Familienkultur wird gestärkt. Und es wird noch besser: Sogar die Wirksamkeit im Job profitiert – wieder am Schreibtisch, arbeitet es sich jetzt noch effektiver!

Diese «Espresso-Auszeit» ist für den Unternehmer mittlerweile eine feste Oase in der Mitte eines prallvollen Tages. Ein paar Minuten extra, die einen großen Unterschied bewirken: Das Leben kann so einfach sein.

Was kommt zuerst: Partner oder Job?

Bestseller-Autor Peter Scazzero beschreibt die Zwickmühle, die viele von uns gut kennen: «Wenn ich Führungskräfte frage: Was ist das Wichtigste in Ihrem Leben?, sagen viele: ‚Ehe und Familie.' Wenn ich dann frage, wie viel Zeit sie in Partner und Kinder investieren, kommen diese aber ziemlich weit hinten auf der Agenda ...»

Eine Gemeinsamkeit von emotional *nicht* gesunden Führungskräften sei, so Scazzero in seinem Buch «The Emotionally Healthy Leader», dass diese ihre berufliche Aufgabe höher einordnen als ihre Ehe oder Partnerschaft. «Die meisten sehen ihre Ehe lediglich als Unterbau für etwas Wichtigeres: für Beruf und Karriere, ihre eigentliche Priorität. Konsequenterweise investieren sie ihre Zeit und Energie vor allem darein, bessere Manager zu werden und ihre Führungskompetenzen auszubauen, statt in ihre Ehe und Familie zu investieren.

Emotional ungesunde Führungskräfte neigen dazu, zwischen Privatleben und Beruf zu trennen und beides voneinander abzuschotten; zum Beispiel fällen sie für das Berufsleben wichtige Entscheidungen, ohne ausreichend darüber nachzudenken, welche Auswirkungen diese langfristig haben auf die Qualität und Integrität ihres Lebens und ihrer Ehe. Sie geben das Beste ihrer Energie und Kreativität, um andere zu führen – und dabei verpassen sie, in eine erfüllende Ehe zu investieren.»*[51]

Konkrete Schritte

Wie können wir in unsere Ehe und Familie investieren? Einige Vorschläge aus eigener Erfahrung:

- Nicht trennen zwischen den Aufgaben im Beruf und denen im Privatleben – es sind zwei Seiten derselben Medaille, unser Führungsauftrag gilt für beide Lebensbereiche.
- Deshalb treffen wir wichtige berufliche Entscheidungen (z. B. Welchen Job nehme ich an, welchen Karriereschritt gehe ich?) immer auch unter dem Aspekt: Was macht das (langfristig) mit

meinem Partner und mit meinen Kindern?

- Partner und Kinder bekommen die gleiche Aufmerksamkeit, wie ich sie auch für ein wichtiges berufliches Projekt aufbringe.

- Das heißt, dass eine Verabredung mit dem Partner oder den Kindern die gleiche Priorität hat wie ein Geschäftstermin. Private Termine sage ich nicht einfach ab, weil etwas «Wichtiges» dazwischenkommt.

- Die Geburtstage von Partner und Kindern sind unverrückbar im Kalender eingetragen. Egal, was kommt: An diesen Tagen bin ich zu Hause! Vor einigen Jahren wurde ich eingeladen, auf einer großen Konferenz zu jungen Führungskräften zu sprechen. Erfreut sagte ich zu; erst danach wurde mir klar, dass der Termin auf den Geburtstag meines Sohnes fiel. Also habe ich wieder abgesagt. ‚First things first» – die Hauptsache muss die Hauptsache bleiben …

- Meine Kinder «kosten» mich keine Zeit, sondern ich investiere Zeit. Das ist ein wichtiger Unterschied. Früher dachte ich, wenn meine Kinder mich brauchten: «Das kostet mich jetzt Zeit» (die ich eigentlich für etwas «Wichtigeres» einsetzen wollte). Heute denke ich: Ich investiere bewusst Zeit in einen der wichtigsten Menschen meines Lebens!

- Wenn die Situation in der Familie das erfordert, sage ich externe Termine ab. Ich bin da, wenn mein Ehepartner mich braucht. Zwei Schwangerschaften waren für meine Frau sehr herausfordernd, sie musste monatelang liegen; dadurch war ich in der Familie gefordert und das kostete etliche berufliche Termine. In dieser Zeit habe ich ein Geheimnis entdeckt: Wenn ich zu Hause da bin, wenn Not am Mann ist, gleicht sich das beruflich immer irgendwie aus. Die «Rendite» auf lange Sicht ist riesig.

- Im Klartext: Wir können nicht auf der großen Bühne tanzen, wenn daheim die Hütte brennt!

- Ich begrenze die Zahl meiner Abendtermine, damit wir als Ehepaar mindestens einen Abend pro Woche nur für uns haben – Zeit zum Essen und Sich-Austauschen, zum Träumen und Genießen.
- Ich sage meiner Frau und meinen Kindern ganz bewusst jeden Tag, dass ich sie liebe, und nehme sie in den Arm. Diese kleinen Aktionen machen einen großen Unterschied.
- Leidenschaft braucht es nicht nur im Beruf, sondern vor allem in der Ehe. Viele Paare «starten hoch und landen tief»: Am Anfang sind sie leidenschaftlich, nur um schon nach kurzer Zeit in den Sinkflug überzugehen. Wir entscheiden uns, leidenschaftliche Ehepartner zu sein, das heißt: in jeder Hinsicht für den anderen alles zu geben.
- All das hat mit einem Paradigmenwechsel zu tun: Ehe und Familie sind nicht der Unterbau für etwas Wichtigeres (die Karriere); sie sind das wichtigste Projekt meines Lebens!

- In Seminaren frage ich manchmal: «Ist Ihr Partner mit Ihrem Beruf versöhnt?» Die Reaktion darauf ist meist verdutztes Staunen – dieses Thema wurde nie geklärt. Fragen Sie sich: Ist mein Partner mit meinem Beruf versöhnt?
- Viele sehen in der beruflichen Aufgabe des Partners einen feindlichen Wettbewerber um die begrenzten Ressourcen an Zeit und Kraft. Suchen Sie nach der Sicht, dass Sie als Paar zwar in unterschiedlichen Rollen, aber doch gemeinsam an *einem* großen Lebens-Projekt arbeiten.
- In der Feuerwehr haben wir einen Grundsatz: You never leave your partner! Verlasse niemals deinen Partner – das heißt: Im Einsatz ist man immer als Team unterwegs; gemeinsam gehen wir ins Feuer hinein und gemeinsam kommen wir wieder heraus. Einer kann sich auf den anderen verlassen. Keiner lässt den anderen im Stich. – Diesen Grundsatz können wir für unsere Ehe übernehmen: You never leave your partner!

Es geht ums Ganze

Wenn Sie verheiratet sind, dann ist die wichtigste Person in Ihrem Leben Ihr Ehepartner, dann ist das wichtigste Projekt Ihres Lebens Ihre Ehe. Hier liegt Ihr erster und oberster Führungsauftrag. Kein anderer Erfolg kann es aufwiegen, wenn diese Beziehung scheitert.

Auf einer Skala von 1 bis 10:

Wie bewerten Sie Ihre Ehe?
Und wie bewertet Ihr Partner sie?
Nach vorn gedacht:
An was werden sich Ihre Kinder und Enkel einmal erinnern, wenn sie an Sie zurückdenken?
An Ihre beruflichen Leistungen – oder an die gemeinsamen Momente?
An den Titel auf Ihrer Visitenkarte oder daran, wie Sie auf den Knien mit ihnen gespielt haben?
An jemanden, der meist abwesend war, oder an jemanden, der ihnen ein Vorbild gewesen ist und in ihrem Leben wichtige Spuren hinterlassen hat?

Behalten Sie stets im Blick:
Am Ende Ihres Lebens interessieren nicht Zahlen und Ergebnisse, nicht Geld und Position, sondern die Qualität Ihrer Beziehungen.

Was bleibt? Was zählt? Was ist wirklich wichtig?
Ihre Antworten auf diese Fragen setzen die Koordinaten für Ihre Reise durch das Leben.

Das Ziel bestimmt die Strategie

Die beiden wichtigsten Tage im Leben sind der Tag, an dem man geboren wurde, und der Tag, an dem man herausfindet, warum.

Mark Twain

Es ist *eine* große Frage, die in uns allen brennt: Warum bin ich auf dieser Welt? Um es mit Mark Twain zu sagen: Den Tag, an dem wir geboren wurden, hat jeder von uns hinter sich. Den Tag, an dem wir herausfinden, warum, den haben viele noch nicht erlebt. Exemplarisch dafür steht die E-Mail einer jungen Managerin: «Gerade wieder stelle ich mir die Frage ‚Warum bin ich auf dieser Welt?'. Mir fehlt eine Vision für mein Leben, eine übergeordnete Idee, die mich motiviert und begeistert.»

In diesen Sätzen kommt eine Sehnsucht zum Ausdruck – die Sehnsucht nach Sinn und Erfüllung. Auf die Frage nach dem Warum brauchen wir eine überzeugende Antwort, einen Kontext, in den wir unser Leben einbetten können, eine übergeordnete Idee, die unserer Existenz und unserem Handeln Sinn verleiht. Davon hängt alles andere ab. Kein äußerer Erfolg kann diese Sehnsucht stillen. Wir können sogar extrem erfolgreich sein – und trotzdem das eigentliche Ziel unseres Lebens verpassen.

In seinem Bestseller *The Call* schreibt Os Guinness von der Begegnung mit einem bekannten Unternehmer; der bringt diese Sehnsucht auf den Punkt: «Wie Sie wissen, habe ich eine sehr erfolgreiche Karriere hinter mir und viel Geld verdient - viel mehr, als ich mir je erträumt hätte, viel mehr, als ich je ausgeben kann, viel mehr, als meine Familie braucht [...] Einer meiner Beweggründe, so viel Geld zu verdienen, war ganz einfach: genug Geld zu haben, um Leute anzustellen, damit diese all die Dinge tun, die ich selbst nicht tun wollte. Aber da gibt es eine Sache, für die ich niemals irgendjemanden einstellen konnte: Sinn und Erfüllung im Leben zu finden. Ich würde alles tun, um das zu entdecken.»*52

Das Geheimnis der Effektivität

Die Frage nach dem Warum zielt auf die Spitze unserer Lebenspyramide. Jeder Mensch (wie auch jede Firma) bewegt sich, wie in der Grafik dargestellt, auf drei Ebenen: operativ, strategisch und «meta». Die operative Ebene ist das Tagesgeschäft: Aufgaben und Aktivitäten, sowohl beruflich als auch privat, mit denen wir den ganzen Tag beschäftigt sind und die unsere Zeit in Anspruch nehmen. Darüber liegt die strategische Ebene mit den einzelnen Lebensbereichen wie Karriere, Familie, Hobbys, Freunde, Gesundheit, Finanzen; die Entscheidungen und Weichenstellungen auf dieser Ebene haben nachhaltige Auswirkungen auf die Art und Weise, wie wir leben. An der Spitze steht die Meta-Ebene, will heißen: die Idee «dahinter», die übergeordnete Idee unseres Lebens.

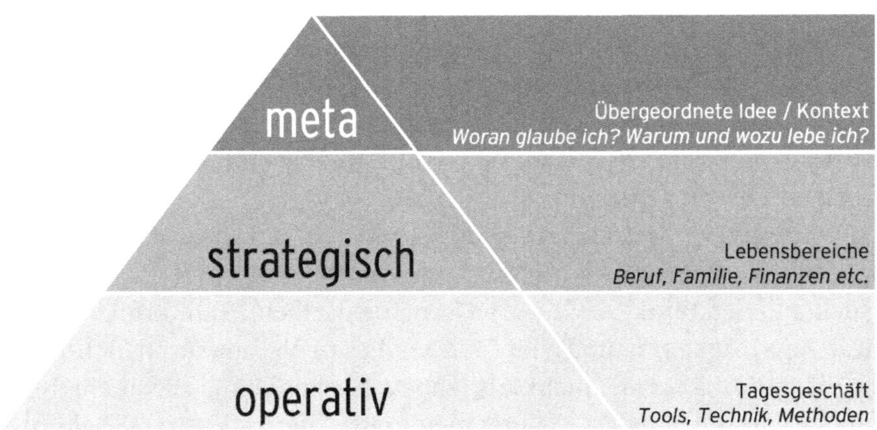

Von genau dieser Ebene sprach die junge Managerin in ihrer E-Mail. Hier geht es um die großen Fragen: Woran glauben Sie? Warum und wozu sind Sie auf dieser Welt? Was ist Ihr «Reason of Existence»? In welchen größeren Kontext betten Sie Ihr Leben und Handeln ein?

Von oben nach unten

Die meisten Menschen leben «von unten nach oben» – operativ: ausgelastet (Stichwort «Hamsterrad»); strategisch: naja; meta: nicht geklärt. Im Coaching mit einem Unternehmer antwortete dieser auf meine Frage, was bei ihm auf der Meta-Ebene stehe: «Wenn ich ehrlich bin, habe ich da nichts.» Viele sind auf der operativen Ebene so beschäftigt, dass keine Zeit bleibt für die strategische Ebene, d. h. für eine ausbalancierte Berücksichtigung der einzelnen Lebensbereiche. Mangelt es auf der strategischen Ebene an Führung, kriselt es in den Lebensbereichen – «Alle Krisen sind Führungskrisen»! Über die großen Fragen der Meta-Ebene denken die meisten kaum nach; das führt zu Sinnkrisen, besonders in schwierigen Lebensphasen.

Besser ist es deshalb, «von oben nach unten» zu leben: Sie klären Ihre Meta-Ebene (Warum bin ich auf dieser Welt? Wofür will ich leben? Woran glaube ich?) und danach richten Sie Ihr Leben aus. «Von unten nach oben» beeinflusst kaum: Wie Sie operativ arbeiten, d. h., welche Tools und Methoden Sie anwenden, um Ihr Tagesgeschäft zu bewältigen, das wirkt sich auf die strategische und die Meta-Ebene kaum aus; «von oben nach unten» aber beeinflusst alles!

Woran Sie glauben, wofür Sie leben, welchen Job Sie wählen, wen Sie heiraten, wie Sie mit Ihrer Gesundheit umgehen etc., das hat Auswirkung auf alles andere. Ihre Lebensqualität und Effektivität, das Maß, in dem Sie Zufriedenheit, Erfüllung und Sinn erleben, all das hängt davon ab, dass Sie «von oben nach unten» leben und auf die Meta-Fragen gute Antworten finden.

Wie beginnt Ihr Tag? Mit dem Griff zum Handy und einem Bombardment an Nachrichten und Social-Media-Mitteilungen? Mit dem Kopf voller Gedanken über das Tagesgeschäft? Dann leben Sie «von unten nach oben». Oder mit einem Zeitfenster der Stille und Reflexion, in dem Sie Ihre Gedanken sortieren und sich an Ihrem «Meta» ausrichten können? Dann leben Sie «von oben nach unten».

Was gehört an die erste Stelle?

Am Anfang des Buches haben wir drei konzentrische Kreise gezeichnet – Beruf, Beziehungen und Persönlichkeit; jetzt sind wir ganz innen angekommen. Die Frage ist nun: Was steht im Zentrum Ihres Lebens? Oder, im Sinne der drei gerade genannten Ebenen: Wie definieren Sie Ihr «Meta»?

Ist die Meta-Ebene ungeklärt, entsteht ein Vakuum, das sich mit Pseudo-Inhalten füllt. «Pseudo-Inhalt» bedeutet: Etwas tut so, als wäre es «meta», gehört dort aber gar nicht hin. Die Spitze der Lebenspyramide kann nicht leer bleiben. Was passiert, wenn die Meta-Ebene verwaist ist? Ein untergeordneter Bereich, meist aus der strategischen Ebene, schiebt sich nach oben und besetzt den ersten Platz. Dann wird die Karriere zu «meta», d. h. zum Wichtigsten unseres Lebens – oder das Geld, der Partner, die Kinder, Gesundheit, man selbst oder wenigstens das Auto oder der Fußballverein. So gut und wichtig das alles ist: Es ist nicht «meta»!

Was passiert, wenn etwas an der ersten Stelle steht, das dort nicht hingehört? Dann wird es destruktiv, es macht uns kaputt. Wenn die Karriere an erster Stelle steht (gut, aber nicht «meta»), wird sie immer mehr Raum fordern und anderen Lebensbereichen (Partnerschaft, Familie, eigene Bedürfnisse) die Luft zum Atmen nehmen. Wenn das Geld an erster Stelle steht (gut, aber nicht «meta»), werden wir nicht nur die Freude an materiellem Besitz verlieren, sondern die Gier nach Geld beeinträchtigt alles andere. Wenn andere Menschen an erster Stelle stehen, z. B. der Partner oder die Kinder (gut, aber nicht «meta»), nehmen diese einen überhöhten Platz ein, der ihnen nicht zusteht. Wenn ich selbst an erster Stelle stehe (gut, aber nicht «meta»), wird meine Ich-Bezogenheit allem anderen schaden, vor allem meinen Beziehungen.

Wir können es so zusammenfassen: Wenn «meta» nicht geklärt ist, wird ein untergeordneter Bereich übergriffig; die falsche Anordnung der Lebensbereiche und Prioritäten hat toxische Auswirkungen. Umgekehrt gilt: Indem wir «meta» richtig besetzen und unseren Lebensbereichen, Stakeholdern und den an uns gerichteten Erwartungen den richtigen Platz zuweisen, schaffen wir die Voraussetzung für Sinn, Lebensfreude und Effektivität. Die entscheidende Frage lautet deshalb: Was gehört an die erste Stelle Ihres Lebens?

Sonne, Mond und Sterne

Das Modell der Pyramide findet sich sogar in galaktischen Dimensionen. Der Blick nach oben ist aufschlussreich: Unser Sonnensystem besteht aus acht Planeten mit ihren jeweiligen Monden, einigen Zwergplaneten und unzähligen Kleinkörpern wie Asteroiden und Kometen. Sie alle kreisen um die Sonne. Die Sonne wirkt dabei wie ein Motor, sie strahlt Licht und Wärme ins Weltall und hält durch ihre Anziehungskraft die unterschiedlichen Planeten und Kleinkörper an ihrem Platz. Würde die Sonne fehlen, hätten wir nur Chaos. Bezogen auf die Lebenspyramide steht die Sonne für die Meta-Ebene, die Planeten für die strategische Ebene der Lebensbereiche und die unzähligen Kleinkörper für das Alltagsgeschäft, die operative Ebene.

Die Sonne («meta») hält alles am richtigen Platz (Ziele und Prioritäten, Gewichtung der Lebensbereiche und Aufgaben) und strahlt Licht und Wärme (Sinn, Orientierung) in unser Leben. Wenn die Sonne fehlt, wenn das «Meta» leer ist, ist das Ergebnis Chaos. – Dieses Bild lässt sich praktisch endlos multiplizieren; unser Sonnensystem ist ja nicht das einzige, sondern nur eines unter vielen Milliarden anderer Sonnensysteme, deren Planeten sich um andere Sonnen drehen; und damit das alles funktioniert und nicht auseinanderfällt, braucht es immer den Meta-Bezug.

Wie wir unsere Kultur retten

Die Klärung der Meta-Frage halte ich für Ihre wichtigste Führungsaufgabe, denn davon hängt alles andere ab. In seinem Buch *Ich erlaube mir zu denken* unterstreicht C. S. Lewis unseren bisherigen Gedankengang. Er schreibt: «Es lohnt sich, darüber nachzudenken. Denn nicht wahr: Wenn es stimmen sollte, dass unsere Kultur nie vor dem Untergang sicher ist, solange wir sie nicht an die zweite Stelle zurückstellen, erhebt sich sofort die Frage: Zurückstellen – hinter was? Was gehört an die erste Stelle? Die einzige Antwort, die ich hier geben kann, lautet: Wenn wir es nicht wissen, dann wäre es unsere erste und wichtigste und vernünftigste Aufgabe, uns aufzumachen, um es herauszufinden.»*[53]

Die Kultur, von der Lewis schreibt, ist unser persönliches Leben, aber auch die Kultur in unserer Familie – und die Kultur in unseren Unternehmen und der Gesellschaft insgesamt. Immer gilt: Damit sie funktioniert, muss sie zurückgestellt werden. Zurückgestellt hinter was? Hinter das, was an die erste Stelle gehört. Lewis macht deutlich, dass jede Bevorzugung einer geringeren Sache vor der höheren (gut, aber nicht «meta») oder eines Teils vor dem Ganzen (z. B. die Überbetonung eines Lebensbereiches auf Kosten anderer Bereiche) zum Verlust der Sache oder des Teils führt, um dessentwillen das Opfer dargebracht wurde. Wir gewinnen unser Leben nicht, indem wir Dinge von untergeordneter Bedeutung zum wichtigsten Anliegen erklären. Wir gewinnen nur, wenn wir dem wichtigsten Anliegen den Vorrang geben.

Work-Life-Gap

Das wichtigste Anliegen klären und diesem den Vorrang geben, das hat mit Sinnfindung zu tun. Im Business sind die Meta-Fragen deshalb ein Top-Thema. Mitarbeiter wollen mehr als nur zu funktionieren und Vorgaben abzuarbeiten. «Echte Sinnstiftung ist zentrale Führungsaufgabe», schreibt zum Beispiel Prof. Wolfgang Jenewein in einem Artikel für den «Harvard Business manager».*[54]

Wenn Sinnstiftung schon in Unternehmen wichtig ist, wie viel mehr dann im persönlichen Leben! Soll die Frage nach dem «reason of existence», die Frage der Daseinsberechtigung, also danach, warum und wozu wir existieren, soll diese Frage in der Firma gestellt werden, wie viel mehr sollten wir sie dann uns selbst stellen! Doch in der Praxis klaffen *work* und *life*, Arbeits- und Privatleben oft auseinander. Das bestätigt auch Jenewein in seinem Artikel: Manager, die in ihrem Job ständig damit beschäftigt sind, das eigene Unternehmen, die Abteilung oder ihr Team richtig auszurichten, fragen in den seltensten Fällen sich selber: Bin ich auf dem richtigen Weg – *meinem* Weg? In einem Programm zum Thema «Purpose in Unternehmen» haben Jenewein und sein Team mit mehreren hundert Managerinnen und Managern gearbeitet; und das war eine der wichtigsten Erkenntnisse. Diese Führungskräfte erkannten alle das Thema «Purpose», Sinn und Zweck, als zentralen Schritt für die Weiterentwicklung ihrer Unternehmen; doch die wenigsten von ihnen hatten bisher in der Tiefe über ihren persönlichen Purpose nachgedacht.

Warum bin ich auf dieser Welt?

Es läuft alles auf eines hinaus, auf diese eine Frage: Warum sind Sie auf dieser Welt? Oder, im Business-Deutsch: Was ist Ihr «Reason of Existence»? Diese Frage steht an der Spitze der Pyramide, von ihrer Beantwortung leitet sich alles andere ab. Grundsätzlich haben wir zwei Möglichkeiten, diese Frage zu beantworten: Zufall oder Absicht. «Zufall» bedeutet: Wir sind hier ohne bewusste Ursache, weder geplant noch gewollt, eben rein zufällig; «Absicht» bedeutet: Jemand hat sich etwas dabei gedacht. Wir haben eine Ausgangs-Frage, «Warum?», mit zwei Antwort-Optionen, Zufall oder Absicht; wenn man sie weiterdenkt, führen diese beiden Optionen in völlig unterschiedliche Richtungen. Was sind die jeweiligen Konsequenzen?

Wenn der Grund unserer Existenz Zufall ist, dann ist unser Leben objektiv sinnlos; wir kommen aus dem Nichts, gehen ins Nichts, und in der Zwischenzeit sind wir dazu verdammt, unserer erbärmlichen Existenz selbst irgendeinen Sinn zu verleihen. Das Leben ist lediglich ein Funke in ewiger Dunkelheit, ein Funke, der kurz aufflackert und dann für immer stirbt. Mit dem Tod ist alles aus. Unsere Perspektive ist das Grab. Es gibt keine Hoffnung. – Macht es dann einen Unterschied, ob man überhaupt gelebt hat? Im Endeffekt nicht. Sicher berühren wir mit unserem Leben andere Menschen oder nehmen Einfluss auf bestimmte Ereignisse, aber auch diese sind letztendlich sinnlos und dem Untergang geweiht.

Warum dann die Anstrengung? Warum Karriere? Warum Familie? Wenn der Mensch im Nichts endet, ist er – nichts.

Ist hingegen der Grund für unsere Existenz Absicht, kommen wir zu ganz anderen Rahmenbedingungen: Jemand hat sich etwas dabei gedacht! Dieser Jemand kann keine Sache sein, er muss ein personales Wesen sein. Das heißt, wir haben es mit einem Gegenüber zu tun, das definitiv größer ist als wir selbst; der Schöpfer muss größer sein als das Geschaffene. Wenn wir bewusst geschaffen sind, das heißt: geplant und gewollt, dann gibt es ein *Vorher* und ein *Nachher* unseres Lebens. Wir kommen nicht aus dem Nichts, wir kommen vom Schöpfer. Wir gehen nicht ins Nichts, wir gehen zum Schöpfer. Unser Leben ist nicht hoffnungslos und objektiv sinnlos; es gibt eine übergeordnete Idee, einen größeren Kontext, in den wir uns selbst und unser Handeln einbetten können. In diesem Fall ist es nur sinnvoll, unser Leben proaktiv zu gestalten, uns für andere Menschen einzusetzen und für eine Verbesserung dieser Welt.

Warum sind Sie auf dieser Welt? Weil Sie bewusst und mit einer Absicht geschaffen sind. Es gibt Hoffnung. Das Leben hat eine Bedeutung.

Vom Warum zum Wozu

Aus dem Warum erwächst das Wozu – das *Warum* klärt unseren *Ursprung*, das *Wozu* unseren *Auftrag:* Was ist meine Lebensaufgabe? Welchen Beitrag soll ich in dieser Welt leisten? What is my purpose? Wo es kein Warum gibt, kann es auch kein Wozu geben. Wenn es keine zugrunde liegende Absicht gibt und keine übergeordnete Idee, müssen wir unser Wozu selbst kreieren – dann können wir zwar für etwas leben und uns investieren in Sachen, die, subjektiv gesehen, uns wichtig sind; objektiv gesehen bleibt es aber sinn- und hoffnungslos. Wenn wir dagegen mit einer Absicht geschaffen wurden, dann beinhaltet diese Absicht einen Lebens-Zweck.

Das christliche Menschenbild nennt den Menschen *imago Dei*, das heißt: im Abbild Gottes geschaffen.[*55] Wir sind auf dieser Welt (die Frage nach dem Warum), weil Gott uns geschaffen hat – ihm ähnlich, in seinem Bild. Damit nimmt der Mensch in der gesamten Schöpfung eine besondere Position und Rolle ein. Was unterscheidet ihn denn von allen anderen Geschöpfen? Unter anderem die Fähigkeit zum Denken und zur Reflexion, zur Liebe und Selbsthingabe, zur Ästhetik und Kreativität, zu Kunst und Kultur, zur Moral und zu eigenverantwortlichem Handeln.

Imago Dei bedeutet, selbst schöpferisch tätig zu werden und die Welt zu einem besseren Ort zu entwickeln. Damit ist *imago Dei* auch Ausgangspunkt für Wissenschaft und Bildung, für Entwicklung und Fortschritt, für soziale Gerechtigkeit und Menschenwürde. Es verleiht dem Menschen einzigartigen intrinsischen Wert – unabhängig von Herkunft und Status, gesellschaftlicher Position oder dem persönlichen Leistungsvermögen. *Imago Dei* ist universal, es gilt für alle Menschen: Das Leben des Menschen ist wertvoll, es ist heilig, und es ist von Gott geschaffen zu einem bestimmten Zweck.

Imago Dei berührt den Kern unseres Seins, das Innerste unserer Persönlichkeit. Es ist der Wegweiser zu dem Leben, für das wir geboren wurden.

Dass es Sie gibt, hat einen Zweck: Das Wozu

Das führt zum nächsten Gedanken: Wenn Gott den Menschen geschaffen hat, dann geschah das mit Absicht; und das heißt auch: mit einem Lebens-Zweck – hier berühren wir die Frage nach dem Wozu. Der Theologe Millard J. Erickson beschreibt es so: «Gottes Schöpfung hat definitiv einen Zweck: Der Mensch soll Gott kennen und lieben, ihm gehorchen und mit anderen Menschen in Harmonie leben ... Der Mensch ist auf die Erde gesetzt, um Vollmacht auszuüben über die Schöpfung ... Der Mensch ist dann am meisten Mensch, wenn er in diesen Beziehungen (zu Gott und seinen Mitmenschen) agiert und diesen Auftrag ausführt – das heißt, sein Telos erfüllt, das, was Gott für ihn beabsichtigt.»*[56]

Zu unserem Wozu gehört, unsere Verantwortungsbereiche (das heißt unseren Teil der Schöpfung) zu führen, zu gestalten und zu entwickeln, unser Leben gut zu managen. Ein wichtiger Teil unseres Menschseins ist die Arbeit, der Beruf; wie bei den Menschen im Garten Eden ist auch unser Auftrag vergleichbar mit dem eines Gärtners, der sich um seinen Garten kümmert und ihn pflegt, damit er zur vollen Blüte kommt und viel Frucht hervorbringt, d. h. gute und nachhaltige Ergebnisse.

Diese Job-Description, diese Aufgabenbeschreibung gilt sowohl für die Mikro-Ebene unseres persönlichen Lebens, das heißt für die eigenverantwortliche Gestaltung und Entwicklung unserer Lebensbereiche und unserer Persönlichkeit, als auch für die Makro-Ebene in Gesellschaft, Wirtschaft und Politik. Mit anderen Worten: Wenn wir unser Leben gut führen und die verschiedenen Lebensbereiche erfolgreich entwickeln, erfüllen wir damit einen Teil unseres Telos, das heißt einen Teil dessen, was Gott für uns beabsichtigt.

Eine erfolgreiche Karriere, eine gute Ehe, eine gesunde Familie ist etwas, das nicht nur uns gefällt, sondern auch dem, der uns geschaffen hat. Wenn wir als Manager, Unternehmer oder Politiker Verantwortung übernehmen und zu einem guten Funktionieren und einer guten Entwicklung in Wirtschaft und Gesellschaft beitragen, erfüllen wir damit einen Teil unseres Telos. Diese Welt ist wichtig, sie soll sich entwickeln und besser werden – und wir dürfen und sollen darin eine Rolle spielen.

Es wird deutlich: Ideen haben Konsequenzen. Warum wir existieren, wozu wir leben und woran wir glauben – das sind keine abstrakten Fragestellungen, sondern sie haben sehr konkrete Auswirkungen auf unser Selbstverständnis und unser Handeln. Himmel und Erde, Denken und Glauben, Sein und Tun sind nicht getrennt, sondern zwei Seiten derselben Medaille. Das Bild wird ganz; und ein schönes Gemälde begeistert.

Unsere Meta-Ebene richtig zu füllen und unser Warum und Wozu zu entdecken, das führt ins Glück. Mit «Glück» meine ich nicht ein wolkiges Gefühl, das sich aufgrund «glücklicher» Umstände einstellt und genauso schnell wieder verschwindet, sondern ich meine das, was es von der Wortherkunft bedeutet: das Gelingen einer Sache (unseres Lebens), weil wir unseren Führungsauftrag wahrnehmen, die Prioritäten klären und die Leitplanken richtig setzen.

Es ist nicht alles Glück, was glänzt

Stichwort «Lebensglück»: Jeder Mensch folgt einer Vorstellung davon, was ihn glücklich macht. Genauer gesagt: Jeder Mensch folgt einer Vorstellung davon, wovon er sich *erhofft*, dass es ihn glücklich macht. Wir streben nach dem, wovon wir annehmen, dass es uns erfüllt, wenn wir es erreicht haben – nur um nicht selten dann festzustellen, dass wir einer Illusion aufgesessen sind. Wie viele Glücksversprechen lösen sich in heiße Luft auf, sobald sie erreicht sind – die erhoffte Wirkung bleibt leider oft aus oder ist nach kurzer Zeit verpufft.

Was also macht uns wirklich und dauerhaft glücklich? Auf welche Aspekte unseres Lebens sollten wir achten? Wohinein sollten wir uns investieren? «Ein gutes Leben» – was ist das, wie sieht das aus? Natürlich gibt es auf diese Fragen unzählig viele Antworten, je nachdem, wen man fragt; doch manche Antworten sind universal gültig. Hier sind drei davon:

1. Glücklich ist, wem Beziehungen gelingen

Fragt man junge Menschen nach ihren wichtigsten Lebenszielen, wollen vier von fünf reich werden, jeder Zweite gar berühmt. Wie sie dieses Ziel erreichen wollten? Durch harte Arbeit. Das Credo lautet also: «Arbeite hart und werde reich, das macht dich glücklich.» – Nun sind die Millenials noch relativ jung, sie haben noch nicht die Lebenserfahrung des grauen Hauptes – es sei denn, sie hätten einen breiten Einblick in das Seelenleben der Eltern- und Großelterngeneration.

Wie wäre es also, wenn man Menschen ein Leben lang begleiten würde, um zu sehen, was sie wirklich glücklich macht? Genau das hat die Harvard Medical School getan: In einer weltweit einzigartigen Langzeitstudie untersucht und begleitet sie seit über 80 Jahren das Leben von siebenhundert Männern,*[57] darunter gewöhnliche Leute genauso wie herausragende Persönlichkeiten, Menschen aus der High Society genauso wie aus sozial und familiär prekärem Hintergrund, darunter Männer, die im Laufe ihres Lebens auf der Karriereleiter aufstiegen, und solche, deren Leben die entgegengesetzte Richtung nahm, Menschen aus allen Berufs- und Gesellschaftsschichten, darunter sogar ein späterer US-Präsident.

Über Jahrzehnte hinweg wurde das Leben dieser Männer begleitet und dokumentiert, nicht nur in Form regelmäßiger Befragungen zu Arbeit, Privatleben und Gesundheit, sondern auch durch medizinische Diagnosen und Befunde, Gehirn-MRTs sowie Gespräche mit den Ehefrauen und Kindern. So entstand die umfangreichste Studie zu der Frage, was wirklich ein gutes Leben ist.

Die Ergebnisse sind bahnbrechend. Oberste Erkenntnis: Im Leben geht es nicht um Geld, Ruhm und schweres Arbeiten; wirklich glücklich und gesund machen uns gute Beziehungen. Die Studie zeigt: Menschen mit guten Beziehungen in der Familie, zu Freunden und im weiteren Umfeld sind glücklicher, sie sind gesünder und leben länger; hingegen sind einsame Menschen oder solche mit schwierigen Beziehungen weniger glücklich, sie werden häufiger krank, altern schneller und sterben früher. Die mit 50 die besten Beziehungen hatten, waren mit 80 die Gesündesten.

Gute Beziehungen erhöhen also unser Lebensglück; laut der Harvard-Studie schützen sie nicht nur unseren Körper, sondern auch unser Gehirn: Wer in stabilen und wohlwollenden Beziehungen lebt, hat im Alter ein besseres Gedächtnis; entscheidend ist dabei nicht die *Anzahl* der Freunde, sondern die *Qualität* der Beziehungen.

Fazit: Die Qualität unserer Beziehungen bestimmt die Qualität unseres Lebens. Glücklich ist, wem Beziehungen gelingen!

2. Glücklich ist, wer sich in andere investiert

Das ist eine andere universell gültige Antwort auf die Frage, was wirklich und dauerhaft glücklich macht. Viele Menschen leben selbstzentriert und suchen vor allem den eigenen Vorteil. Diese Haltung führt zu einer inneren Verarmung; wo soll da das Glück herkommen? Zufriedenheit und Glück kommen erstens aus Beziehungen und zweitens daher, dass wir uns nicht nur um uns selbst drehen, sondern uns in andere Menschen investieren. (Zugegeben, das eine ist vom anderen schwer zu trennen – es sei denn, man wäre schwerst pflegebedürftig und auch kognitiv sehr eingeschränkt.)

«Geben ist seliger als nehmen», das ist mehr als ein frommer Spruch; es stimmt tatsächlich: Geben macht glücklich! Wissenschaftler entdecken immer mehr faszinierende Details darüber, welche Prozesse in unserem Gehirn ablaufen, wenn wir anderen Gutes tun – nämlich dieselben chemischen Reaktionen wie beim Genuss eines guten Essens oder beim Sex.

Auch das Umgekehrte ist zu beobachten: Wenn jemand vor allem selbstzentriert ist, verkümmert die Persönlichkeit. Beim Glücklichsein geht es nicht nur um uns, es geht auch um die Nebenmenschen. Wenn wir geben, das heißt, wenn wir etwas weitergeben von dem, das wir haben – Zeit, Kompetenzen, Finanzen, Know-how, tatkräftige Hilfe etc. –, verändert uns das zum Besseren.

Wie könnte das praktisch aussehen? Ein persönliches Beispiel: Als Familie suchen wir uns regelmäßig Projekte, die wir finanziell unterstützen; zu diesem Zweck haben wir ein separates Konto eingerichtet, auf dem wir einen Teil unseres Einkommens beiseitelegen. Dabei beziehen wir unsere Kinder mit ein: Wenn ein gewisser Betrag beisammen ist, überlegen wir uns gemeinsam, wen wir damit unterstützen, wo wir dieses Geld investieren wollen – zur Auswahl stehen ausschließlich Projekte, durch die anderen Menschen geholfen wird und bei denen wir nichts zurückbekommen. Dass unser Beitrag für andere Menschen eine konkrete Verbesserung bewirkt, diese Tatsache macht uns viel Freude.

Aber Geld ist nicht die Hauptsache und nicht das Einzige; eine sehr gute Möglichkeit ist auch das Ehrenamt – vor Ort, in einem Verein oder der Nachbarschaft. Überlegen Sie sich, wo Sie sich einbringen könnten: im Sportverein, in der Feuerwehr, in der Nachbarschaft, in der Schüler-Nachhilfe, in einem gemeinnützigen Projekt ...

Dank Smartphone und Internet steht uns ständig die ganze Welt vor Augen; aber konkret etwas tun mit Leib und Seele, das können wir nicht global, sondern nur lokal. Sich vor Ort zu engagieren erdet uns im Hier und Jetzt. Das bringt uns vom «Circle of Concern» hin zu unserem «Circle of Influence» – weg von den Krisen in der ganzen Welt und den Angst-Nachrichten, die uns permanent überfluten und denen wir meist hilflos gegenüberstehen, hin zu dem, wo wir tatsächlich etwas tun, etwas bewirken können.

Investieren Sie sich in andere, ohne dass dabei für Sie «etwas herauskommt» – so machen Sie die Welt (und sich) ein kleines Stück besser.

Glücklich ist, wer sich in andere investiert.

3. Glücklich ist, wer für etwas Größeres lebt

Nur für Geld und Ruhm zu leben ist langweilig – vielleicht braucht es einen ganz neuen Ansatz, wofür man leben will? Wirklich spannend wird unser Leben erst dann, wenn wir für etwas Größeres leben: größer als wir selbst, größer als unsere Fähigkeiten und Ressourcen, größer als das Durchschnitts-Leben à la «work, sleep, eat, repeat – arbeiten, schlafen, essen und alles noch mal».

Hört sich das für Sie gut an? Freuen Sie sich nicht zu früh! «Für etwas Größeres leben» bedeutet: Im Zentrum unseres Lebens stehen nicht mehr wir selber. Das ist zwar unbequem, aber sehr realistisch. Fakt ist doch: Die Welt dreht sich nicht um uns. Sie hat schon lange vor uns existiert und wenn wir wieder weg sind, wird es sie noch lange geben.

Wenn aber nicht wir selbst, wer oder was sollte dann im Zentrum unseres Lebens stehen? Arbeit und Karriere? Immerhin beanspruchen sie einen großen Teil unserer Zeit! Eine Idee, für die wir uns hingeben? Das Anliegen, die Welt ein bisschen besser zu machen? All das hat seine Berechtigung, greift aber zu kurz. Denken Sie an die drei Ebenen unserer Lebenspyramide: Wir gewinnen unser Leben nicht, indem wir Dinge von untergeordneter Bedeutung zum wichtigsten Anliegen erklären. Wir gewinnen nur, wenn wir dem wichtigsten Anliegen den Vorrang geben.

Logisch schlüssig scheint mir, zu Ende gedacht, nur eine Antwort: Im Zentrum unseres Lebens muss der Grund unseres Lebens stehen, das heißt unser Twain'sches Warum.

Das führt uns zurück zur Ausgangsfrage: Was ist mein Warum? Was ist unser «Reason of Existence», unsere Existenzberechtigung? Wenn mein Warum «Nichts» ist, ist «Nichts» auch mein Zentrum, meine Mitte – und die logische Konsequenz ist eine innere Leere. Diese Leere muss ich füllen mit «untergeordneten Dingen» (C. S. Lewis); aber die können mich letztendlich nicht befriedigen, mich nicht glücklich machen.

Wenn mein Warum Gott ist, sollte Gott auch mein Zentrum sein. Das passt: Nur Gott ist größer als wir selbst – kein anderer Mensch, keine Philosophie, kein Ding und keine Sache, kein noch so ehrenwertes Anliegen, schon gar nicht eine Firma. Seine Existenz vorausgesetzt, wäre Gott das bzw. der ultimativ Größte, wofür man leben kann. Diese Konklusion ist nicht nur schlüssig, sie ist auch im besten Sinne human; denn welches Weltbild verleiht dem Menschen das größte Maß an Wert, Würde und Freiheit? Das christlich-biblische Welt- und Menschenbild, denn dessen Gott hat am Kreuz sich hingegeben für jeden von uns. «Your life is worth the universe – Dein Leben ist ein Universum wert»: Das ist wahre Wertschätzung der Einzelperson!

Glücklich ist, wer für etwas Größeres lebt.

Es geht ums Ganze

Wenn Sie CEO, Geschäftsführer Ihres Lebens sind, dann denken und handeln Sie strategisch, das heißt:
Sie lassen sich nicht einfach treiben, sondern richten Ihr Leben auf ein Ziel hin aus. Michael E. Porter, globaler Strategie-Guru an der Harvard Business School, betont: «Gefahren für die eigene Strategie, so glauben viele Manager, tauchen meist von außerhalb auf durch technische Neuerungen oder die Konkurrenz.
Die größere Bedrohung für eine Strategie kommt meist jedoch von innen – von einer verzerrten Wahrnehmung des Wettbewerbs, Führungsfehlern oder dem Drang nach mehr Wachstum.»*58

Übertragen auf Ihr Leben heißt das:

Die größte Bedrohung für den Entschluss, Ihren eigenen Weg zu gehen und ganzheitlich erfolgreich zu leben, die größte Bedrohung dieses Bestrebens kommt nicht von außen, sondern von innen, aus Ihnen selbst.

Den geraden Weg gefährden vor allem

- das Vergleichen mit anderen («verzerrte Wahrnehmung des Wettbewerbs»),
- mangelnde Lebenskompetenz («Führungsfehler»)
- und Gier («Drang nach mehr Wachstum»).

Wie können Sie diese Fallen umgehen?
Leben Sie «top-down», von oben nach unten: Klären Sie die großen Fragen und davon leiten Sie ab, was Sie tun und wie Sie leben. Ihr Twain'sches Warum stellt die Weichen für das Wozu.
Definieren Sie Ziele, Werte und Prioritäten und bedenken Sie auch die langfristigen Konsequenzen Ihrer Entscheidungen; dadurch setzen Sie Fixpunkte, die halten Sie auf Ihrer Fahrt durchs Leben auf Kurs: Sie agieren souveräner und werden weniger gesteuert – getrieben – von äußeren Umständen, anderen Menschen oder dem Zufall.

Wenn Ihre Lebens-Strategie auf das Ziel hin ausgerichtet ist, dann leben Sie für das Bleibende.

Unterm Strich: Was bleibt?

**Wenn Sie sich Zeit nehmen,
sich über den Sinn Ihres Lebens klarzuwerden,
wird das die wichtigste Erkenntnis sein.
Denn wenn Sie nicht herausfinden, worin dieser
Sinn besteht, dann fahren Sie ohne Ruder
auf das stürmische Meer des Lebens hinaus
und sind nur ein hilfloser Spielball der Wellen.**

Clayton M. Christensen (1952–2020),
Professor an der Harvard Business School,
in einer Rede an seine Studenten

Die Spannung im Saal war mit Händen zu greifen, als Clayton M. Christensen ans Rednerpult trat. Dieses Mal stand kein gewöhnlicher Vortrag über Managementmodelle oder Markttheorien auf dem Programm, sondern etwas ganz Besonderes: Die jungen Leute an der Harvard Business School hatten Christensen gebeten, darüber zu sprechen, wie in einem globalen und sich massiv verändernden Wirtschaftsumfeld erfolgreiche Karrieren aussehen können, was ethisches Handeln bedeutet und wie privates Glück möglich ist. Was folgte, war einer der bemerkenswertesten Vorträge, den diese «High Potentials» je zu Ohren bekamen – Christensen sprach über den Sinn des Lebens.

Er betonte, dass sich jeder am besten schon zu Beginn seiner Karriere Gedanken machen sollte über seine Vorstellung von beruflichem Erfolg und privatem Glück und das je früher, desto besser. Denn später, so Christensen, fehle einem oft die Zeit und Energie, um sich diesen entscheidenden Fragen zu widmen. Er ermutigte die jungen Männer und Frauen, Verantwortung zu übernehmen und ihre beruflichen Spielräume zu nutzen, um ihren Mitmenschen zu Lernprozessen und innerem Wachstum zu verhelfen; Geschäfte abzuschließen würde keine so tiefe Erfüllung schenken wie das Gefühl, Menschen aufzubauen.

Christensen gewährte seinen Zuhörern tiefe Einblicke in sein Privatleben, in Momente großer Erfolge genauso wie in existenzielle Herausforderungen. Für ihn sei es immer besonders wichtig gewesen, in seinem Leben einen eindeutigen Sinn zu erkennen – begriffen habe er diesen Sinn allerdings erst, nachdem er lange und intensiv darüber nachgedacht habe. Er erzählte, wie er beschloss, sich jeden Abend eine Stunde Zeit zu nehmen, um zu lesen, nachzudenken und eine Antwort zu finden auf die Frage, warum Gott ihn in diese Welt gestellt habe. Die daraus gewonnenen Erkenntnisse, so Christensen, wende er seither jeden Tag an – sie seien das Vernünftigste, was er in seinem Leben je gelernt habe. Christensen rief seine Studenten auf, sich ebenfalls Zeit zu nehmen, um sich über den Sinn ihres Lebens klarzuwerden.

Dann sprach er über eine Herausforderung, die er mit jeder anderen Führungskraft gemein habe: die nur sehr begrenzt zur Verfügung stehende Zeit und Kraft bestmöglich zu verteilen auf die vielen Aufgaben und einzelnen Lebensbereiche. Er betonte die Notwendigkeit, nicht nur in der Firma für eine gute Kultur zu sorgen, sondern vor allem auch zu Hause, in der Familie; dann könnten nicht nur Mitarbeiter, sondern auch die eigenen Kinder ein starkes Selbstvertrauen entwickeln und sich sicher sein, dass sie auch schwierige Probleme zu lösen imstande seien.

Christensen ermutigte die jungen Leute, ihre persönlichen Werte und Prioritäten zu klären und dann konsequent danach zu leben. Wichtig sei auch, der Welt mit Demut und Bescheidenheit zu begegnen.

Zum Schluss seines Vortrags sprach Christensen darüber, das richtige Maß zu finden. Er nahm seine Zuhörer hinein in eine der tiefsten Krisen seines Lebens. Christensen wörtlich: «In diesem Jahr wurde bei mir eine Krebserkrankung diagnostiziert und ich rechnete damit, dass mein Leben vielleicht früher zu Ende sein würde als geplant. Glücklicherweise sieht es inzwischen so aus, als ob mir ein vorzeitiger Tod erspart bleiben wird; aber ich habe aus dieser Erfahrung eine wichtige Erkenntnis über mein Leben gewonnen. Mir ist ziemlich klar, dass ich den Firmen, die die Ergebnisse meiner Forschungsarbeit genutzt haben, mit meinen Ideen enorme Gewinne einbrachte; ich weiß also, dass ich in meinem Leben sehr viel bewegt habe. Doch als ich dieser Krankheit ins Auge sah, wurde das alles mit einem Schlag unwichtig. Ich habe begriffen, dass Gott mein Leben nicht nach Dollars bewerten wird; für ihn zählen nur die Menschen, deren Leben ich berührt und beeinflusst habe. Und ich glaube, das gilt für uns alle. Machen Sie sich keine Sorgen darüber, wie bekannt oder berühmt Sie sind; denken Sie lieber an all die Leute, denen Sie dazu verholfen haben, bessere Menschen zu werden. Das ist die letzte Empfehlung, die ich Ihnen mit auf den Weg geben möchte: Halten Sie sich stets vor Augen, mit welchem Maß Ihr Leben eines Tages bewertet werden wird. Und dann nehmen Sie sich vor, jeden Tag so zu gestalten, dass Ihr Leben nach diesem Maß als Erfolg verbucht werden kann.»[*59]

Vom Ende her denken

Erinnern Sie sich an das Bild der Sandburgen vom Anfang des Buches? Wir sind zurück am Strand, die letzten Strahlen der Sonne brechen sich im Wasser auf tausende glitzender Funken und der Wind trägt eine angenehme Kühle vom Meer in unser Gesicht. Der Tag als ganze Familie hat uns Freude gemacht. Wie schön es ist, barfuß im Sand zu laufen, die Kinder lachen zu hören, lebendig zu sein!

Einmal mehr wird mir bewusst, wie vielfältig das Leben ist. Ich rieche die salzige Luft und spüre die Wärme auf der Haut, grabe meine Zehen in den Sand und sehe das weite Meer; die Gemeinschaft mit meinen Liebsten macht mich reich, gleichzeitig weiß ich einen einsamen Spaziergang entlang der Klippen und Felsen zu schätzen – doch wie erst all diese Eindrücke gemeinsam eine wundervolle Komposition ergeben, so ist unser Leben wie ein Puzzle aus verschiedenen Bausteinen, die alle gelebt werden wollen und erst zusammen das komplette Bild ergeben. Lieben und Leisten, Sein und Tun, Anspannung und Entspannen, Lachen und Weinen, Fokus und Lockerheit: Das Ganze ist mehr als die Summe seiner Teile.

Die Sonne berührt den Horizont, der Abend bricht herein und wir sind auf dem Weg zurück in unser Ferienhaus – etwas erschöpft zwar, aber vor allem erfüllt und zufrieden. Es war ein guter Tag; schön, dass wir ihn erleben durften!

Das sollten wir auch einmal sagen können, wenn wir auf unser Leben zurückschauen. Bei allen Höhen und Tiefen und allem, was dazugehört:

Es war ein gutes Leben.

Es geht ums Ganze

Egal, wo Sie heute stehen: Entscheidend im Leben ist nicht, wie Sie begonnen haben, sondern wie Sie enden. Das nun steht in Ihrer Hand, jeder von uns hat das selbst in der Hand. Deshalb sollten Sie sich dreierlei unbedingt bewahren: Erstens Zeit zum Nachdenken – lassen Sie niemals zu, dass Sie keine Zeit mehr haben, sich zurückzuziehen und nachzudenken. Zweitens die Bereitschaft, sich die richtigen Fragen zu stellen – der Wahrheit ins Auge zu schauen ist herausfordernd, aber nur so kommen Sie weiter. Und drittens: Bewahren Sie sich den Mut, Dinge zu verändern, wenn Sie Veränderungsbedarf erkennen – «Ich wünschte, ich hätte ...» gibt es schon genug.

Über allem steht die Frage: Nach welchem Maßstab wird mein Leben einmal bewertet? Die Beantwortung dieser Frage klärt, was wirklich zählt.

Der Blick aufs große Ganze hilft, das richtige Maß zu finden. Nicht Einseitigkeit, sondern Ganzheitlichkeit; nicht nur gelebt werden, sondern leben; nicht nur Teilerfolg, sondern ganzer Erfolg – das sollte das Ziel Ihres Lebens sein.

IV. Manager im Gespräch

Es ist nicht schwer, Menschen zu finden,
die mit 60 Jahren zehnmal so reich sind,
als sie es mit 20 waren.
Aber nicht einer von ihnen behauptet,
er sei zehnmal so glücklich.

George Bernard Shaw

«Ich habe zu viel mit mir machen lassen ...»

Studium, Auslandsaufenthalt, Führungsaufgaben: Martin ging den klassischen Manager-Weg. Seine Karriere kennt nur eine Richtung: nach oben. Viele Jahre tätig in immer höheren Positionen, mehrjähriger Südamerika-Aufenthalt, zuletzt Mitglied der Geschäftsleitung einer größeren Unternehmensgruppe, alles wunderbar – bis zu dem Moment, als ihm völlig überraschend von seinem Arbeitgeber gekündigt wird. Ein nicht eingeplanter Sturz aus großer Fallhöhe! Zuerst der Schock: Warum ich? Was jetzt? Wie soll es weitergehen? Dann die Ernüchterung. Und schließlich das Erkennen einer Chance. Natürlich muss er möglichst schnell wieder einen guten Job finden; doch Martin nutzt die Situation auch, um sein bisheriges Leben zu reflektieren. Mit erstaunlichen Erkenntnissen ...

Martin, Du bist Mitte 40, Manager, Ehemann und Papa von drei Kids. Deine berufliche Karriere ging immer nach oben. Dann aber folgte ein tiefer Einschnitt: Du hast Deinen Job verloren. Wie ging es Dir im ersten Moment?

Die Kündigung traf mich wie ein Blitz aus heiterem Himmel! Es hatte keine Vorwarnung gegeben, kein Gespräch im Vorfeld. Nach 16 Jahren Firmenzugehörigkeit für mich nach wie vor unvorstellbar! Umso größer war der Schock. Mein Kopf war voll mit Zukunftssorgen, Selbstrechtfertigung und dem berühmten «Wundenlecken»; gleichzeitig war mir klar, dass es kein Zurück gibt und ich die Situation akzeptieren muss.

Wie ich es gewohnt war, habe ich mir auch direkt einen Zeitplan auferlegt: Zuerst eine kurze Auszeit, dann gleich rein in die intensive Jobsuche, ganz nach dem Motto: «Ich gehe nicht rückwärts, ich nehme Anlauf!»

Das klingt nach einem typischen Muster: Wir werden mit einem Rückschlag konfrontiert und versuchen sofort, die Lücke zu schließen und dann weiterzumachen wie bisher. Warum kam es bei Dir trotzdem anders?

Ich kam zum Nachdenken! In den ersten Wochen nach der Kündigung ist mir klargeworden, welch hohen Preis der Job in den vergangenen Jahren gefordert hatte: Meine Frau, die Kinder, Freunde und meine eigenen Bedürfnisse unterwarf ich dem Diktat der beruflichen Disziplin und Pflichterfüllung. Der Job hat alles dominiert – nur: So habe ich das nie gewollt!

Du hast das nie so gewollt und trotzdem ist es so gekommen. Warum?

Das ist ein schleichender Prozess, wie mit dem Frosch im Wasser, das langsam zum Kochen gebracht wird: Wäre die Kündigung nicht gekommen, hätte ich einfach immer weitergemacht. Diese erzwungene Auszeit war mein Glück! Ich konnte Abstand gewinnen und nachdenken über mich, über mein bisheriges Leben und meine zukünftigen Ziele.

Warum ist Zeit zum Nachdenken so wichtig?

Wir hetzen von einem Termin zum nächsten. Ständig sind wir mit Höchstgeschwindigkeit unterwegs. Alles ist sehr hektisch. Das kostet uns das Leben – und oft merken wir das gar nicht.

Bei mir überlagerte der Job zunehmend alle anderen Lebensbereiche und am Ende dominierte er sie auch.

Durch die Freistellung hatte ich plötzlich sehr viel Zeit – Zeit, das Geschehene zu verarbeiten und mein Leben wieder bewusster wahrzunehmen und zu genießen. Ich habe viele Gespräche geführt, mit meiner Frau, mit Angehörigen und Freunden. Und ich habe mir bewusst Zeit genommen zum Innehalten und zur täglichen Stille. All das hat mir sehr gut getan und es hat meine Prioritäten verändert.

Inwiefern?

Gleich nach der Kündigung ging es mir nur um eines: Ich wollte möglichst schnell wieder einen möglichst guten Job! Dann aber wurde mir klar, dass ich nicht einfach weitermachen wollte wie bisher. Mir wurden einige Fehler bewusst, die ich auf keinen Fall wiederholen will; deshalb bewerte ich Jobangebote heute viel differenzierter: Ich stelle mir die Frage, welchen Einfluss der jeweilige Job auf meine Ehe, Familie und mich selbst ausübt, und lasse diese Einschätzung in meine Bewertung einfließen. Natürlich sind Position, Verantwortungsbereich, Gestaltungsmöglichkeiten und Gehalt weiterhin wichtig – aber sie sind nicht alles.

Was ist Dir im Rückblick auf Deine bisherige Karriere bewusstgeworden?

Ich war immer sehr diszipliniert und leistungsorientiert; gerade am Anfang meiner Karriere funktionierte das gut. Die Gleichung «Unbedingter Leistungswille + hervorragende Kompetenz = Erfolg» ging auf und erbrachte mir die Bestätigung, dass ich es richtig mache.

Oft ist es aber so, dass man in Zeiten des Erfolgs aufhört, das eigene Leben kritisch zu hinterfragen. Es läuft ja. Die Gefahr dabei ist, dass man das wirklich Wichtige aus den Augen verliert. Jedenfalls war das bei mir so.

Was kam bisher zu kurz und was möchtest Du zukünftig stärker berücksichtigen?

An erster Stelle die Beziehung zu meiner Frau. Ich war permanent unter Anspannung, dadurch war ein offener Austausch gar nicht mehr möglich. Das hat unsere Ehe belastet – und auch an den Kindern ist das natürlich nicht spurlos vorübergegangen.

Wir hatten immer weniger Zeit als Ehepaar und für die Kinder, Besuche bei Freunden und Verwandten wurden immer mehr zur Last, es blieb keine Kraft mehr für Ausgleich und Hobbys. Diese Phasen wurden unmerklich länger und endeten im Dauerzustand.

Wenn der Kalender von Montag bis Freitag gefüllt ist mit schwierigen und kräftezehrenden Terminen, dann läuft auch am Wochenende im Kopfkino das Hamsterrad weiter.

Wie lässt sich ein Rückfall in alte Muster verhindern?

Meine Frau und ich haben vereinbart, regelmäßig einen Abend zu zweit zu verbringen. Wir wollen bewusst miteinander reden, aufeinander hören und einander ernst nehmen. Mir ist klargeworden, dass ich konsequenter Grenzen setzen muss, vor allem zugunsten meiner Familie und meiner eigenen Bedürfnisse. Das bedeutet, auch einmal «Nein» zu sagen und andere zu enttäuschen. «Mehr von mir» ist nicht immer besser!

Last but not least werde ich meine berufliche Rolle kritischer unter die Lupe nehmen. Ich habe einige Kriterien festgelegt dafür, was meinen Stärken entspricht, und für die Vereinbarkeit mit meiner Ehe und Familie. Das werde ich zukünftig stärker im Blick behalten.

Hast Du bei Dir innere Treiber entdeckt, die eher kritisch sind?

Ich bin gerne Top-Führungskraft; es macht mir Freude, zu gestalten und Verantwortung zu tragen für ein Unternehmen und für Mitarbeiter. Wichtig ist aber ein gesundes Maß an Verantwortungsbewusstsein und Loyalität. Ich trage Verantwortung für die Firma – und ich habe Verantwortung für meine Familie und mich selbst. Hier braucht es eine Ausgewogenheit und den Blick aufs Ganze. Da muss ich aufpassen!

Wie hat sich das im Job gezeigt?

Der Tunnelblick auf die Karriere war mit der Zeit so starr geworden, dass ich viele meiner Prinzipien und Werte geopfert hatte, immer mit der Überzeugung «Da muss ich jetzt eben durch, dann wird es auch wieder besser». Heute ist mir klar: Ich habe zu viel mit mir machen lassen – aus falsch verstandener Loyalität zum Unternehmen und aus überhöhtem Verantwortungsbewusstsein.

Kannst Du ein Beispiel nennen?

Aufgrund wirtschaftlicher Zwänge mussten wir Mitarbeiter entlassen. Allein die Tatsache, Mitarbeitern mitteilen zu müssen, dass wir keine ausreichende Arbeit und keine gemeinsame Zukunft mehr haben, allein das ist schon schlimm genug. Ich empfinde es bis heute auch als persönliche Niederlage, dass ich als Geschäftsführer diese Entwicklung nicht verhindern konnte.

Dazu kamen die Vorgaben des Beirats, in welcher Art und Weise diese Restrukturierung nun umzusetzen war – und die passte gar nicht zu meinen Werten und zu meinem Empfinden. Trotzdem trug ich es mit; ich verbog mich, weil ich dachte, in dieser Situation nicht anders handeln zu können.

Heute erkenne ich, dass das falsch war. Auch deshalb, weil ich damit das Vertrauen der Mitarbeiter in meine Integrität einer gewaltigen Belastung ausgesetzt habe.

Aus Schaden wird man klug?

Ich habe eine wichtige Lektion gelernt: Zukünftig will ich in vergleichbaren Situationen noch konsequenter zu meinen Überzeugungen stehen – nicht nur zu meinen persönlichen Werten, sondern auch zu dem, was ich im Management für strategisch richtig halte.

Ich möchte entschiedener auftreten und mich klarer positionieren. Ich will nicht mehr gegen meine eigenen Werte und Prinzipien handeln. Das heißt auch, dass ich mich unabhängiger mache von der Meinung meiner Vorgesetzten und von meinem Job. Mir ist klargeworden, dass mein Wert nicht nur von meiner Position abhängt.

Deine Karriere ist weitergegangen – heute bist Du Vorstandsmitglied in einem internationalen Unternehmen mit mehreren tausend Mitarbeitern. Jetzt trägst Du noch mehr Verantwortung als früher.
Ist das nicht noch mehr Druck und Stress?

Ich habe mir viel Zeit genommen, dieses Jobangebot zu prüfen. Und ich habe mir genau überlegt, unter welchen Bedingungen diese neue Herausforderung uns nicht in alte Verhaltensmuster und Sackgassen führt. Meine Frau und ich haben unsere Alltagsroutinen so umgestellt, dass sie mit der neuen Aufgabe besser vereinbar sind; und wir haben uns gemeinsam vorgenommen, diesen Routinen die notwendige Priorität einzuräumen.

Ein Beispiel: Der neue Job erfordert einen Zweitwohnsitz. Damit der Kontakt zur Familie auch unter der Woche nicht abreißt, starten wir jeden Morgen mit einem gemeinsamen Frühstück – virtuell natürlich. Per Videotelefonie beginnen wir den Tag, dann geht jedes Familienmitglied seiner eigenen Routine nach: im Kindergarten, in der Schule, zu Hause oder im Büro. Das empfinde ich als ein sehr wichtiges Tagesritual.

Welchen Rat würdest Du anderen Führungskräften geben?

Wir müssen wachsam bleiben und unsere aktuelle Situation immer wieder auf den Prüfstand stellen – dann gelingt es viel leichter, den Anfängen zu wehren, verlorener Boden kann schnell wiedergutgemacht werden.

Apropos Veränderung: Realistischer als der große Wurf sind kleine Schritte – im Unternehmen würde man von kontinuierlicher Verbesserung sprechen.

Außerdem glaube ich, dass es sehr hilfreich ist, einen Freund oder Mentor an der Seite zu haben. Allein ist man oft blind.

V. Thesen für Leaders

Kompakt und auf den Punkt gebracht:
12 Thesen für Leaders.
Zur persönlichen Reflexion und Orientierung
– damit Sie auf Kurs bleiben!

1. Was unter Druck bringt, ist destruktiv

Mein Mentor in Afrika sagte mir: «Johannes, alles, was dich unter Druck bringt, ist zerstörerisch!» Darüber musste ich nachdenken.

Was bringt mich unter Druck? Endlose To-do-Listen, Erwartungen anderer, bestimmte Prägungen und Lebenssätze, selbstauferlegte Ziele etc.

Manchmal kann Druck produktiv machen – z. B. bei Projekten mit Endterminen oder im Sport –, aber sehr oft wirkt er zerstörerisch und kontraproduktiv, denn im Allgemeinen mindert er unsere Leistungsfreude.

Der Theologe und Ethiker Helmut Thielicke spricht von zwei Kraftfeldern, aus denen wir wahlweise leben: dem Kraftfeld des Lebens und dem Kraftfeld des Todes. «Falscher», schlechter Druck bringt uns in das Kraftfeld des Todes. Ist das das Kraftfeld, in dem Sie leben wollen? Ich für meinen Teil trete immer wieder bewusst aus dem falschen Druck heraus, hinein in das Kraftfeld des Lebens. Die Entscheidung liegt bei mir, bei uns, bei Ihnen. Jeden Tag.

2. Unser Platz ist im Chaos

Schwierige Umstände, Herausforderungen, Probleme, Konflikte? Hier sind wir richtig! Nicht, damit es so bleibt, sondern, damit es sich verändert.

Schon im Schöpfungsbericht der Bibel heißt es, dass Gott Ordnung in das Chaos brachte. Unsere Aufgabe und unser Privileg ist es, Ordnung und Struktur zu bringen in das Durcheinander und die Verwirrung. Das Ziel ist immer Klarheit, Wahrheit, Heilung, Wiederherstellung, nachhaltige Verbesserung (Veränderung zum Guten), Wirksamkeit und gute Ergebnisse, mit einem Wort: Leben.

Wir sollen Vorbild sein und Einfluss nehmen. Wo wäre das sinnstiftender als bei Durcheinander und im Chaos? Wo andere in Deckung gehen, gehen wir in Position – und sorgen für Orientierung und gute Veränderung.

3. Wir sind nicht in einen Job berufen, sondern in Beziehungen

Führungskräfte führen Menschen, das heißt: Sie agieren und investieren vor allem in Beziehungen. Führen heißt vorangehen, vormachen, fördern und fordern, Schneisen schlagen, einen Weg ebnen, Dienstleister seiner Mitarbeiter sein. Führen ist mehr, als einen Job zu erledigen. Ergebnisse erzielen ist einfach – Beziehungen gestalten ist schwierig.

Führen heißt, dass Menschen folgen – doch folgt man immer nur dem, von dem man glaubt, dass er es gut meint mit einem.

Oft definieren wir uns über das, *was* wir tun – unsere Position, Zahlen, die erzielten Resultate –; aber meinen wir es wirklich gut mit den Menschen, die wir führen – das heißt, denen wir dienen? Geben wir uns zufrieden damit, Ziele zu erreichen und Systeme zu erschaffen, oder kümmern wir uns auch um die Beziehungen? Etwas provokanter: Der Mensch ist wichtiger als das Ergebnis. Frei nach Dr. Siegfried Buchholz: Wenn ich jemanden nicht liebe, kann ich ihn letztlich auch nicht führen!

4. Exzellenz statt Perfektion

Perfektion – «Vollkommenheit» – duldet keine Fehler, sie setzt unerreichbare Maßstäbe und damit bringt sie uns unter Druck (d. h., sie ist destruktiv – siehe These #1). Exzellenz – «hervorragende Qualität» – hingegen heißt: Ich gebe mein Bestes, bin nicht mit dem Durchschnitt zufrieden; ich strebe nach maximaler Qualität, aber in einem befreienden und wohlwollenden Sinn.

«Das muss perfekt sein» legt die Latte zu hoch; wer unter Perfektionismus leidet, der weiß, wovon ich spreche. «Das soll exzellent werden» hingegen motiviert und fördert – das gewünschte Resultat ist ähnlich, aber die Haltung ist ganz anders; und die Wirkung übertrifft unser eigenes Leistungsvermögen. Exzellenz legt sich wie Goldstaub auf unser Tun und Wirken und veredelt unsere Ergebnisse. Anders formuliert: Perfektion bedeutet «Leben aus Leistung – ich genüge nicht», Exzellenz dagegen bedeutet «Leben aus Gnade – es ist gut».

Es gibt noch eine tiefere Dimension: Von Daniel – hochrangiger Berater der damaligen Supermächte Babylon und Persien – heißt es, er hatte den «Geist der Exzellenz». Dieser Geist ist ein Geschenk von Gott, man kann ihn darum bitten.

5. Risiko statt Sicherheit

Im Käfig ist der Löwe rundum geschützt – wirklich lebendig ist er aber nur in freier Wildbahn. Gleiches gilt für uns: Wahres Leben birgt Risiko und ein Weniger an Sicherheit; es fordert Hingabe und oft eine Absage an Anpassung.

Was macht mich lebendig? Wofür schlägt mein Herz? Wie bewirke ich einen Unterschied in dieser Welt? Antworten auf diese Fragen sind oft riskant – und sie erfordern Leidenschaft. Genau dafür sind wir gemacht!

Sicherheit können wir nie erreichen – Sinn schon! Sinn kommt aus unserer Beziehung zu Gott und basiert nicht auf Sicherheit und Anpassung, sondern auf Risiko und Hingabe!

6. Wer fürs Geld arbeitet, hat Leben nicht verstanden

Wenn ich Menschen frage, warum sie arbeiten, höre ich oft: «It pays the bills – Ich brauche das Geld.» Das ist der falsche Ansatz. Für Geld arbeiten bedeutet: Ich tausche Leben gegen «Kohle» – ein schlechter Deal! Es geht um viel mehr. Leben (und arbeiten) heißt, das eigene Potenzial zu entwickeln und sich in etwas Größeres zu investieren.

Was ist die Idee, für die Sie leben? Sind Sie im Beruf an einem Platz, der Sie lebendig macht? Können Sie Ihre Stärken einsetzen und von sich sagen: «Ich fühle mich wie der Fisch im Wasser!»?

Wirklich erfolgreiche Menschen arbeiten nie für Geld – sie geben sich hin für etwas, das sie begeistert, und der Verdienst ist dann eine Folge davon.

7. Integrität ist: Sich selbst ernst nehmen

Immer wieder werde ich gefragt, wie man in einem schwierigen Business-Umfeld integer leben kann. Vielleicht hat der Chef einen herausfordernden Führungsstil, oder die Geschäftspolitik passt nicht zu den persönlichen Werten, Prioritäten kollidieren etc.

Wichtig: Integrität ist nicht eine Frage der Umstände, Integrität ist allein unsere Sache. Integrität beginnt damit, dass man sich selbst ernst nimmt. Das heißt: Ich sollte für mich klären, ob ich in meiner Position am richtigen Platz bin – trotz schwieriger Umstände oder vielleicht gerade deshalb. Will ich in diesem Spannungsfeld arbeiten und kann ich die Wirkung erzielen, die ich mir wünsche? Wenn ja, dann übe ich in meinem Verantwortungsbereich einen guten Einfluss aus.

Ich bin nicht für die Milchstraße verantwortlich und auch nicht für meinen Chef, sondern für meinen Bereich – und dafür, mit meinem Unbehagen richtig umzugehen. Das macht uns unabhängiger von äußeren Faktoren und bringt das Heft des Handelns in unsere Hand.

8. Der Weg nach oben führt nach unten

Es war kurz vor unserer Entscheidung, für einige Zeit nach Namibia zu gehen. Unser dortiger Gastgeber und Mentor schickte mir ein Dokument, das ich unterzeichnen sollte – ich sollte mich verpflichten, FAST zu sein. Jeder Buchstabe stand für eine Charakterqualität: F für *faithful* (loyal), A für *available* (verfügbar), S für *submissive* (gehorsam) und T für *teachable* (lernbereit).

Ich unterschrieb, und wir flogen nach Afrika. Erst dort wurde mir klar, was das alles wirklich bedeutet. Es war überhaupt nicht leicht – aber wichtig. Ich habe viel gelernt und konnte auch schwierige Phasen und Konfliktsituationen meistern, weil ich zu meiner Verpflichtung stand, die ich mit meiner Unterschrift eingegangen war.

Im Rückblick erkenne ich den großen Nutzen, den ich daraus gewonnen habe; so viele Schritte in meiner weiteren Entwicklung gründen darauf, dass ich damals loyal geblieben bin und mich untergeordnet habe.

Der Weg nach oben führt (zunächst) nach unten: Wir stehen zu unserem Wort, stellen uns den Herausforderungen – und werden so wahrhaft stark.

9. Der Einzelgänger wird gefressen

Man kann das in Afrikas Savannen gut beobachten: Sobald sich ein Tier von der Herde löst, wird es zur leichten Beute. Die Abstürze zahlreicher Superstars in Wirtschaft und Gesellschaft haben oft eines gemeinsam: Die Führungskraft war auf sich allein gestellt und hatte keinen inneren Kreis, kein Support-Team, dem sie sich in einem geschützten, wohlwollenden Rahmen anvertrauen konnte.

Wir Menschen sind aber nicht gedacht als Macho-Cowboy, der mutterseelenallein durch den Wilden Westen reitet, sich auf sich selbst verlassen kann und allen Gefahren trotzt; auch wenn wir schon viel erreicht haben: Wir brauchen Freunde, Mentoren und Weggefährten.

Bill George, Harvard-Professor und erfolgreicher CEO von Medtronic, nennt einen Schlüssel für nachhaltigen Erfolg in seinem Leben: Seit 40 Jahren trifft er sich regelmäßig mit einer kleinen Gruppe von Freunden, um sich auszutauschen, einander zu ermutigen und – wenn nötig – sich gegenseitig zu korrigieren.

Wer sind meine wahren Freunde? Wem lege ich Rechenschaft ab? Wo kann ich auftanken?

10. Sich selbst treu bleiben – «Never compromise your standard»

Wie sorge ich dafür, dass ich in meiner Karriere nicht auf die schiefe Bahn gerate? Wie verhindere ich, dass ich meinem Partner untreu werde? Wie schaffe ich es, nicht im Gefängnis zu landen? Die Antwort ist einfach, aber leicht ist sie nicht: Keine Kompromisse!

Integrität bedeutet «sich selber treu bleiben». Es ist leichter, sich zu 100 % an seine Prinzipien zu halten als zu 98 %! Wenn man sich einmal verführen lässt zu «Nur ein einziges Mal» und das nicht energisch korrigiert, wird das Leben zu einer ganzen Kette von «Nur dieses eine Mal». So driften wir ab in den Graubereich und stehen dann mit einem Fuß über dem Abgrund.

Dem vorbeugen können wir, indem wir unsere persönlichen Werte, Prinzipien und Prioritäten klären – und dann klar und schnurgerade danach leben.

Was sind meine unverhandelbaren Prinzipien? Gibt es in meinem Leben faule Kompromisse? Wo bin ich gefährdet? Wie kann ich für mich ein Frühwarnsystem installieren (Freunde, Mentor, Rechenschaft)?

11. Charisma ohne Charakter ist gefährlich

Charisma, Begabung bringt uns nach oben, Charakter hält uns dort. Als Führungskräfte brauchen wir nicht nur Charisma, sondern vor allem Charakter.

Besonders gefragt sind hier Persönlichkeiten mit Profil – Leute, die Echtheit verkörpern, Glaubwürdigkeit, Wahrheit und Zuverlässigkeit; Leute, die anderen dienen: Ich bin nicht der Mittelpunkt der Welt, auch nicht der Mittelpunkt meiner Welt; ich bin da, um andere stark zu machen und zu befähigen, ihnen Freiraum zu geben und zu helfen, dass sie ihr Potenzial entwickeln und ausschöpfen können. Das erfordert Demut und die Bereitschaft, unseren Charakter im Blick zu behalten und zu schützen.

Dr. Thomas Middelhoff, Ex-Bertelsmann-Chef und einer der abgestürzten Superstars der deutschen Wirtschaft, sagt in einem bewegenden Vortrag über seine Karriere und sein Scheitern: Lernbereitschaft, Fähigkeiten und Einsatzwille können einen in der Karriere weit voranbringen; «aber ... ganz entscheidend ist für erfolgreiches Leben, dass man seinen Charakter behält. Ich kann Ihnen nur den Mut machen: Wenn es erforderlich ist, einen Karriereschritt zu machen, und [was] man von Ihnen verlangt, das geht zu Lasten ganz bestimmter Werte, die Sie haben, oder ganz bestimmter Elemente Ihres Charakters – lassen Sie diesen Karriereschritt aus. Langfristig zahlt sich der Charakter und die Charakterstärke viel mehr aus!»*60

12. Die wichtigste Karriere: Partner und Kinder

Als leistungsorientierte Menschen investieren wir vor allem in Aktivitäten, die möglichst greifbare Resultate bringen: Wir stürzen uns in den Job, in Projekte, in den Sport. Unsere wichtigsten Beziehungen – Partner und Kinder – kommen dabei oft zu kurz, nicht selten mit irreparablen Schäden.

Wir glauben, wenn wir im Beruf erfolgreich sind und Geld nach Hause bringen, hätten wir unseren Beitrag geleistet. Ein Trugschluss – mit wie vielen Führungskräften habe ich zu tun, die das im Rückblick bereuen! Ein Freund, früher international in großen Entwicklungshilfe-Projekten tätig, schreibt:

«Vor Kurzem wurde ich gefragt, was ich anders machen würde, wenn ich mein Leben wiederholen könnte. Ich musste kurz nachdenken. Dann aber war meine Antwort eindeutig: Ich würde weitaus weniger Wert legen auf den Erfolg – dafür umso mehr auf die Liebe zu meiner Frau und meinen Kindern.» Gott ist ein Gott der Liebe, das heißt der Beziehung. «Wie kommt es dann, dass wir ... so oft einen ganz anderen Fokus haben? Wie kommt es, dass wir vor lauter Bauen und Entwickeln vergessen, wozu wir eigentlich leben? Wenn ich die Menschen, mit denen ich am engsten zusammenlebe, nicht als meine zentrale Berufung begreife – welchen Sinn haben dann all die großen Taten, die ich zu vollbringen glaube?»[*61]

*Anmerkungen

*1 Nach einem Artikel von Marc Kowalsky in BILANZ online vom 20.08.2013, «Carsten Schloter: Tod eines CEO». https://www.handelszeitung.ch/unternehmen/carsten-schloter-tod-eines-ceo/ (letztmalig aufgerufen am 12.07.2023).

*2 Nach einem Artikel von Philipp Albrecht und Irène Harnischberg in «Blick», 30.07.2013: «Wie soll ich den Stern finden, auf dem Papi sitzt?». https://www.blick.ch/wirtschaft/ergreifende-trauerfeier-fuer-swisscom-chef-carsten-schloter-49-ergreifende-trauerfeier-fuer-swisscom-chef-carsten-schloter-49-wie-soll-ich-den-stern-finden-auf-dem-papi-sitzt-id2389435.html/ (letztmalig aufgerufen am 12.07.2023).

*3 Kowalsky, wie Anm. 1.

*4 Timo Nowack in der Handelszeitung, 24.07.2013, «Die Interviews des Carsten Schloter». https://www.handelszeitung.ch/unternehmen/die-interviews-des-carsten-schloter-473096 (letztmalig aufgerufen am 30.06.2023).

*5 Carsten Schloter im Talk bei Roger Schawinski, Staffel 1, Folge 31. Ausstrahlung am 26.03.2012 im SF1, nachzuhören unter https://youtu.be/oo3j0sNV_Bw (letztmalig aufgerufen am 25.07.2023).

*6 Felicie Notter, «Ich war noch nie relaxed», Medienwoche, 15.03.2013. https://medienwoche.ch/2013/03/15/ich-war-noch-nie-relaxed/ (letztmalig aufgerufen am 10.07.2023).

*7 Reinhard K. Sprenger, «Wohlhabend, erfolgreich – und unglücklich», Wirtschaftswoche, 24.04.2019. https://www.sprenger.com/nachrichtenleser/wohlhabend-erfolgreich-und-ungluecklich.html (letztmalig aufgerufen am 10.03.2023).

*8 Dr. Henry Cloud, *Integrity. The Courage to meet the Demands of Reality* (New York: Harper Business, 2009), S. 16 (üs. J. Graßl). – Das Buch ist auch auf Deutsch erschienen: Henry Cloud, Friedemann Lux (Üs.), *Charakter gefragt: Sechs unverzichtbare Eigenschaften für Menschen in Verantwortung* (Gießen: Brunnen, 2012).

*9 Jenifer Girke, «Die Überwinderin», gomagazin. https://gomagazin.de/story/die-ueberwinderin (letztmalig aufgerufen am 04.07.2023).

*10 Scott Edinger, «Sehen Sie der Realität ins Auge!». Harvard Business manager 02/2022. https://www.manager-magazin.de/harvard/fuehrung/wie-fuehrungskraefte-die-realitaet-akzeptieren-lernen-a-e1469c77-0002-0001-0000-000185432276?sara_ref=re-xx-cp-sh (letztmalig aufgerufen am 13.06.2023).

*11 Bill George, «Discover Your True North», Talks at Google. https://youtu.be/Mea0u1FfOcM (letztmalig aufgerufen am 12.07.2023).

*12 Burkhard Schwenker und Mario Müller-Dofel, *Gute Führung: Über den Lebenszyklus von Unternehmen* (Mainz: BrunoMedia, 2012).

*13 Thomas Middelhoff, FuckUp Nights Frankfurt 13.11.2018. https://youtu.be/hNCqdp1iaz0, ab 32:25 (letztmalig aufgerufen am 12.07.2023).

*14 Olaf Storbeck, «Thomas Middelhoff, the broken tycoon, on life after prison». Financial Times, 11.05.2018. https://www.ft.com/content/811dd028-52b8-11e8-b24e-cad6aa67e23e (letztmalig aufgerufen am 30.05.2023, üs. J. Graßl).

*15 Thomas Middelhoff, *A115 – Der Sturz* (München: LangenMüller, 2020), S. 280–281. Abdruck mit freundlicher Genehmigung des LangenMüller Verlags.

*16 Matthew Parris, «As an atheist I truly believe Africa needs God», The Times, 27.12.2008. https://www.thetimes.co.uk/article/as-an-atheist-i-truly-believe-africa-needs-god-3xj9bm80h8m (letztmalig aufgerufen am 12.07.2023).

*17 Alexander Solschenizyn, *Der Archipel Gulag* (Bern: Scherz, 1974), S. 166.

*18 Genau genommen ist die Existenz Gottes kein Gegenstand des Glaubens, sondern des Wissens. Dass es Gott gibt, können wir wissen. Warum? Weil es dafür eine Vielzahl guter und rationaler Argumente gibt. Dementsprechend war die Frage nach der Existenz Gottes von Anfang an Gegenstand nicht der Theologie, sondern der Philosophie. Alle großen Denker der westlichen Geistesgeschichte haben sich mit dieser wohl wichtigsten Menschheitsfrage befasst. Für eine sehr gute Einführung in eine Auswahl rationaler Argumente für das christliche Weltbild siehe z. B. William Lane Craig, *theo:logisch – Warum der christliche Glaube vernünftig ist* (Neuried bei München: CVMD, 2017).

*19 nach C. S. Lewis, *Durchblicke – Texte zu Fragen über Glauben, Kultur und Literatur* (Basel: Fontis-Verlag, 2019), S. 90.

*20 Sunnie Giles, «The Most Important Leadership Competencies – According to Leaders Around the World». Harvard Business Review, 15.03.2016. https://hbr.org/2016/03/the-most-important-leadership-competencies-according-to-leaders-around-the-world (letztmalig aufgerufen am 03.04.2023).

*21 Laura Delizonna, «High-Performing Teams Need Psychological Safety». Harvard Business Review, 24.08.2017. https://hbr.org/2017/08/high-performing-teams-need-psychological-safety-heres-how-to-create-it?autocomplete=true (letztmalig aufgerufen am 12.07.2023).

*22 Stephan Lehmann-Maldonado, «Wieso predigen Sie Vergebung, Herr Managementberater?», gomagazin, Ausgabe 14. https://gomagazin.de/story/wieso-predigen-sie-vergebung-herr-managementberater (letztmalig aufgerufen am 01.06.2023).

*23 «Integrität, wirtschaftlicher Erfolg und das gute Leben», Paneldiskussion im Rahmen des «Festival of Thought» am 23.09.2019 in Zürich, eigene Notizen.

*24 Sir Roger Scruton, *How To Be A Conservative* (London: Bloomsbury 2019).

*25 Christopher Littlefield, «Danke denken», Harvard Business manager, 3/2021, S. 28.

*26 Für eine detaillierte Analyse siehe z. B. James W. Sire, *The Universe Next Door: A Bas*ic Worldview Catalog (Downers Grove (IL), USA: InterVarsity Press 2009).

*27 Bill George, «Discover your True North», Talk at Google. https://www.youtube.com/watch?v=Mea0u1FfOcM (letztmalig aufgerufen am 12.07.2023).

*28 Thomas Mayer, «Es ist gut, an Gott zu glauben», FAZ online, 23.12.2016. https://www.faz.net/aktuell/wirtschaft/mayers-weltwirtschaft/mayers-weltwirtschaft-es-ist-gut-an-gott-zu-glauben-14589875.html (letztmalig aufgerufen am 12.07.2023).

*29 Die Bibel, Genesis 12,10–20 und 20,1–18.

*30 Richard Dawkins, *Und es entsprang ein Fluß in Eden* (München: Goldmann 1998), S. 151.

*31 *Endlich Erfolg mit Change-Management*, Harvard Business manager, 6/2018.

*32 Anand Narasimhan und Jean-Louis Barsoux, «Warum Change-Management scheitert», Harvard Business manager, 6/2018, S. 18–27.

*33 Ingmar Höhmann, «Immer mit der Ruhe», Interview mit Roger Martin, Harvard Business manager, 6/2018, S. 38–44.

*34 Michael E. Porter, «Was ist Strategie?» Harvard Business manager, 4/2008, S. 104–123.

*35 Oliver Burkeman, «Why time management is ruining our lives», theguardian.com, 22.12.2016. https://www.theguardian.com/technology/2016/dec/22/why-time-management-is-ruining-our-lives (letztmalig aufgerufen am 10.05.2023).

*36 Peter Drucker, *The Effective Executive* (München: Franz Vahlen, 2014), S. 107.

*37 Bettina Weiguny, «Dauerstress schädigt das Gehirn», Interview mit Thomas Südhof, FAZ online, 03.10.2015. https://www.faz.net/aktuell/karriere-hochschule/buero-co/nobelpreistraeger-thomas-suedhof-ueber-burnout-und-smartphones-13837125.html (letztmalig aufgerufen am 12.07.2023).

*38 Nowack/Schloter, wie Anm. 4.

*39 Siehe z. B. Sarah Green Carmichael, «The Research Is Clear: Long Hours Backfire for People and for Companies», Harvard Business Review, 19.08.2015. https://hbr.org/2015/08/the-research-is-clear-long-hours-backfire-for-people-and-for-companies (letztmalig aufgerufen am 11.05.2023).

*40 Tony Schwartz, «Einfach fitter für den Job». Harvard Business manager, 4/2016. https://www.manager-magazin.de/harvard/selbstmanagement/einfach-fitter-fuer-den-job-a-cac0516e-0002-0001-0000-000146369602 (letztmalig aufgerufen am 11.05.2023).

*41 siehe z. B. Tobias Ziegler, «Bewegung und Sport im Wandel der Zeit», de'ignis Magazin Nr. 64 «Nachhaltigkeit», S. 40–43.

*42 Bonnie Hayden Cheng und Yolanda Na Li, «To Improve Your Work Performance, Get Some Exercise». Harvard Business Review, 30.05.2023. https://hbr.org/2023/05/to-improve-your-work-performance-get-some-exercise (letztmalig aufgerufen am 20.06.2023).

*43 Clayton M. Christensen, «Der Sinn des Lebens». Harvard Business manager, 1/2011, S. 26–36.

*44 o. A., «Ein Freund, mit dem du weinen kannst, ist ein Geschenk». Interview mit Herbert Hainer und Uli Hoeneß, FAZ online, 08.09.2018. https://www.faz.net/aktuell/wirtschaft/unternehmen/uli-hoeness-und-herbert-hainer-im-f-a-s-interview-15777959.html (letztmalig aufgerufen am 03.07.2023).

*45 Frank Schirrmacher, *Minimum – Vom Vergehen und Neuentstehen unserer Gemeinschaft* (München: Karl Blessing Verlag, 2006).

*46 Sparringspartner: Begriff aus dem Boxsport. Jemand auf Augenhöhe, der «in den gleichen Schuhen geht» wie Sie und mit dem Sie Probleme durchsprechen und Lösungen finden können.

*47 Eugene O'Kelly, *Chasing Daylight – How My Forthcoming Death Transformed My Life* (New York: McGraw-Hill Education, 2007).

*48 nach O'Kelly, *Chasing Daylight,* wie Anm. 47, S. 23 (üs. J. Graßl).

*49 O'Kelly, *Chasing Daylight,* wie Anm. 47, S. 105 (üs. J. Graßl).

*50 O'Kelly, *Chasing Daylight,* wie Anm. 47, S. 114 (üs. J. Graßl).

*51 Peter Scazzero, *The Emotionally Healthy Leader – How Transforming Your Inner Life Will Deeply Transform Your Church, Team, and the World.* (Nashville, TN: Zondervan, 2015), S. 29 (üs. J. Graßl).

*52 Os Guinness, *The Call* (Nashville, TN: W Publishing Group, 2018), S. 1 (üs. J. Graßl).

*53 C. S. Lewis, *Ich erlaube mir zu denken* (Basel: Brunnen Verlag, 2. Taschenbuchauflage 2013), Seite 17.

*54 Wolfgang Jenewein, Maximilian Strecker und Anna-Christina Leisin, «Raum für Sinn», Harvard Business manager, 1/2021. https://www.manager-magazin.de/harvard/fuehrung/purpose-warum-fuehrungskraefte-sich-um-sinnstiftung-kuemmern-sollten-a-00000000-0002-0001-0000-000174319600?sara_ref=re-xx-cp-sh (letztmalig aufgerufen am 25.05.2023).

*55 Die Frage, *wie* Gott den Menschen geschaffen hat, ist ein eigenes Thema. Der biblische Schöpfungsbericht lässt viel Raum für unterschiedliche Interpretationsmöglichkeiten, die sowohl wissenschaftlichen Erkenntnissen als auch der Autorität der Schrift gerecht werden. Siehe dazu z. B. John Lennox, *Seven Days that Divide the World* (Zondervan, 2011), oder William Lane Craig, *Creation Out of Nothing* (Baker Pub Group, 2004).

*56 Millard J. Erickson, *Introducing Christian Doctrine* (Baker Academic, 2001), S. 173.

*57 «Harvard Study of Adult Development», Harvard Medical School; siehe z. B. https://www.ted.com/talks/robert_waldinger_what_makes_a_good_life_lessons_from_the_longest_study_on_happiness (letztmalig abgerufen am 12.07.2023).

*58 Michael E. Porter, «Was ist Strategie?». Harvard Business manager, 4/2008, S. 105–123.

*59 Clayton M. Christensen, «Der Sinn des Lebens». Harvard Business manager, 1/2011, S. 26–36.

*60 Dr. Thomas Middelhoff, wie Anm. 13.

*61 Christoph und Utta Häselbarth, *Lebensschulen* (Schwäbisch Hall: Passion Media, 2017), S. 51.

Johannes Grassl

Alles begann vor vielen Jahren mit einer grundlegenden Frage: Wofür will ich leben? Daraus entstand die Vision, mich in Führungskräfte zu investieren. Diese Vision führte mich über Afrika und die Schweiz in das, wofür ich heute brenne:
Menschen ganzheitlich erfolgreich machen. Das beinhaltet neben beruflichem Erfolg vor allem die wichtigsten Beziehungen sowie innere Zufriedenheit und Erfüllung.
Seit beinahe zwei Jahrzehnten bin ich als Berater, Speaker und Coach für Führungskräfte im ganzen deutschsprachigen Raum aktiv. In zahlreichen persönlichen Begegnungen, Vorträgen und Veranstaltungen habe ich Tausende von Menschen erreicht. Zudem halte ich seit vielen Jahren Seminare für junge Menschen über erfolgreiche Karriere- und Lebensgestaltung. Es begeistert mich, wenn Menschen ihr volles Potenzial ausschöpfen.
Mein Anliegen ist es, Sie zu ermutigen und zu stärken. Tauchen Sie ein und profitieren Sie von inspirierenden Impulsen rund um Führung, Lebenskompetenz und Sinn.

Mehr auf www.johannesgrassl.com

Printed in France by Amazon
Brétigny-sur-Orge, FR

28989074R00111